Drosse

# Kosten- und Leistungsrechnung

Für Alexander

**Reihe:**

Prüfungsvorbereitung mit 100 Aufgaben, Hinweisen und Lösungen

herausgegeben von Professor Dr. Volker Drosse und Professor Dr. Matthias Maßmann

**Weitere Titel in der Reihe:**

- Wirtschaftsmathematik

**Geplante Titel:**

- Buchführung und Bilanzierung
- Statistik

Volker Drosse

# Kosten- und Leistungsrechnung – Prüfungsvorbereitung mit 100 Aufgaben, Hinweisen und Lösungen

HANSER

**Autor:**
Professor Dr. Volker Drosse, Berufsakademie (BA) Rhein-Main

Bibliografische Information der Deutschen Nationalbibliothek:
Die Deutsche Nationalbibliothek verzeichnet diese Publikation in der Deutschen Nationalbibliografie; detaillierte bibliografische Daten sind im Internet über http://dnb.d-nb.de abrufbar.


Internet: www.hanser-fachbuch.de

Lektorat: Frank Katzenmayer
Herstellung: Der Buchmacher, Arthur Lenner, Windach
Satz: Kösel Media GmbH, Krugzell
Titelbild: © shutterstock.com/wutzkohphoto
Covergestaltung: Max Kostopoulos
Coverkonzept: Marc Müller-Bremer, www.rebranding.de, München
Druck und Bindung: Friedrich Pustet GmbH & Co. KG, Regensburg
Printed in Germany

Print-ISBN: 978-3-446-46398-1
E-Book-ISBN: 978-3-446-46561-9

# Vorwort der Herausgeber

Wirtschaftswissenschaften, Wirtschaftsinformatik, Wirtschaftsingenieurwesen – der Weg bis zum erfolgreichen Studienabschluss ist gepflastert mit einer Vielzahl von Vorlesungen und den unvermeidlichen Klausuren.

Als Dozent wird man in der Phase der Prüfungsvorbereitung im Wesentlichen mit einer Frage konfrontiert: Haben Sie noch mehr Übungsaufgaben? Gefolgt von der Frage: Haben Sie Lösungen?

Diese Buchreihe soll den Studierenden die Möglichkeit geben, sich im Selbststudium auf die Prüfungen vorzubereiten, weil nicht nur Endergebnisse als Lösungen angegeben werden, sondern auch ausführliche Erläuterungen zum Lösungsweg.

Dabei greifen die Autoren auf ihre jahrelange Erfahrung als Dozenten verschiedenster Module an Berufsakademien, Fachhochschulen oder anderen Bildungseinrichtungen zurück. Insgesamt ergibt sich so eine kleine Bibliothek der Übungsaufgaben, die den gesamten Studienverlauf abdeckt.

Rödermark, im Januar 2021

*Volker Drosse*

*Matthias Maßmann*

# Inhalt

# 1 Einführung in die KLR

## 1.1 Aufgaben

### 1.1.1 Teilbereiche des Rechnungswesens

**Aufgabe 1**

Was verstehen Sie unter dem Begriff „betriebliches Rechnungswesen“?

**Aufgabe 2**

Grenzen Sie das interne vom externen Rechnungswesen ab. Erläutern Sie anschließend die Aufgabenstellung des Accountings.

**Aufgabe 3**

Beurteilen Sie, ob die nachstehenden Aussagen richtig oder falsch sind. Sofern Sie der Ansicht sind, es handle sich um fehlerhafte Aussagen, begründen Sie dies kurz.

a) Das externe Rechnungswesen findet seinen Abschluss ausschließlich in der Gewinn- und Verlustrechnung.

b) Das externe Rechnungswesen basiert ausschließlich auf steuerrechtlichen Regelungen.

c) Kann der Kaufmann menschlich nachvollziehbare Gründe für seine aktuelle Seelennot anführen (Abstieg seines Lieblingsvereins in die zweite Bundesliga, Scheidung, Mobbing etc.), so wird ihm auf Antrag hin die Buchhaltungspflicht erlassen.

d) Das externe Rechnungswesen ist alleiniger Bestandteil des betrieblichen Rechnungswesens.

e) Kapitalgesellschaften sind verpflichtet, sämtliche Zahlen aus der Finanzbuchhaltung offenzulegen.

f) Die Kosten- und Leistungsrechnung dient insbesondere auch der Überwachung der Zahlungsfähigkeit.

g) Eine wichtige Aufgabe der Kosten- und Leistungsrechnung besteht darin, vor dem Hintergrund der ermittelten Stückkosten und der jeweiligen Marktsituation dem Kunden einen möglichst gewinnträchtigen Angebotspreis zu benennen.

h) Nachdem 1997 deutlich wurde, dass zahlreiche Insolvenzen in Deutschland insbesondere auf mangelnde Kalkulationen rückführbar waren, entschied das Bundesverfassungsgericht, dass alle Unternehmen über eine professionelle Kosten- und Leistungsrechnung verfügen müssen.

**Aufgabe 4**

a) Nennen Sie die drei Teilbereiche einer Kosten- und Leistungsrechnung.

b) Nennen Sie die Aufgaben der Kosten- und Leistungsrechnung.

c) Erläutern Sie die Gemeinsamkeiten und Unterschiede zwischen der Kosten- und Leistungsrechnung und der Investitionsrechnung.

d) Erläutern Sie die Gemeinsamkeiten und Unterschiede zwischen der Kosten- und Leistungsrechnung und der Finanzbuchhaltung.

## 1.1.2 Stromgrößen des Rechnungswesens

**Aufgabe 5**

a) Stromgrößen sind zeitraum-, Bestandsgrößen sind zeitpunktorientiert – verdeutlichen Sie dies anhand eines Wasserfasses, welches einen Wasserzulauf, sowie einen Wasserablauf aufweist.

b) Stromgrößen führen zu einer Veränderung der jeweiligen Bestandsgröße – nennen Sie letztere für Ein-/Auszahlungen, Einnahmen/Ausgaben und Ertrag/Aufwand.

c) Sind diese Bestandsgrößen vollständig oder aus Vereinfachungsgründen unvollständig?

d) Warum sollte sich ein Studienanfänger mit dem Thema der Stromgrößen beschäftigen? Warum fällt das vielen Studienanfängern so schwer? Gilt diese Abgrenzung auch in den Rechtswissenschaften?

**Aufgabe 6**

Klären Sie für die nachstehenden Geschäftsvorfälle die jeweils gegebenen Stromgrößen:

a) Der Händler verkauft Ware auf Ziel.

b) Ein Kunde überweist dem Kaufmann einen offenen Rechnungsbetrag.

c) Der Kaufmann verkauft sein Produkt bar.

d) Der Kaufmann spendet in bar 500,00 EUR dem örtlichen Tierheim.

e) Der Regenschirmhersteller verkauft eine abgeschriebene Regenschirmproduktionsanlage zu 1000,00 EUR bar.

f) Der Regenschirmhersteller kauft eine neue Produktionsanlage zu 50 000,00 EUR auf Ziel.

g) Der Kaufmann erhält die Information, dass ein Kunde vom offenen Rechnungsbetrag einen Teil überwiesen hat und der restliche Teil wegen der dann eintretenden Insolvenz des Kunden niemals beglichen wird.

h) Ein rücksichtsloser Dieb entwendet dem Lebensmitteleinzelhändler einen Schokoriegel.

**Aufgabe 7**

Nennen Sie einen beispielhaften Geschäftsvorfall, bei dem gilt:

a) Ausgabe, keine Auszahlung,

b) Auszahlung, keine Ausgabe,

c) Aufwand, jedoch keine Auszahlung und keine Ausgabe,

d) Einzahlung, zugleich Einnahme und Ertrag,

e) Auszahlung, zugleich Ausgabe, Aufwand und Kosten.

## Aufgabe 8

a) Zu welchem Zeitpunkt realisiert der Kaufmann eine Einnahme: bei Auftragserteilung durch den Kunden, bei Erstellung des Produkts und Positionierung im Auslieferungslager, bei Auslieferung oder bei Zahlung durch den Kunden?

b) Warum wissen Sie nur, dass Sie nichts wissen, wenn ein Freund Ihnen mitteilt, dass er im ersten Jahr seiner Geschäftstätigkeit (Produktion von Stühlen) einen Ertrag von 500 000,00 EUR erzielt hat?

c) Klären Sie die Stromgrößen für den Fall einer Gewinnausschüttung einer KG und für den Fall einer Kapitalerhöhung einer GmbH.

## Aufgabe 9

Prüfen Sie, ob in den folgenden Fällen Zweckaufwand, neutraler Aufwand oder kalkulatorische Kosten vorliegen:

a) Spende in Höhe von 800,00 EUR an das Müttergenesungswerk e. V.

b) Verkauf einer Produktionsanlage des Regenschirmherstellers unter Buchwert.

c) Rohstoffverbrauch im Rahmen der laufenden Produktion.

d) Für seine eingesetzte Arbeitskraft kalkuliert der Inhaber einer Einzelunternehmung 5000,00 EUR/Monat.

e) Die im Privateigentum des Inhabers befindlichen Büroräume würden bei einer Vermietung mindestens 3000,00 EUR je Monat erbringen.

f) Der nicht versicherte Lagerschuppen des Unternehmers brennt nieder. Hierdurch entsteht ein Schaden in Höhe von 5000,00 EUR.

g) Der Lebensmittelhändler geht aufgrund seiner bisherigen Erfahrung davon aus, dass ihm auch künftig Gummibärchen im Wert von 500,00 EUR/Monat gestohlen werden.

**Aufgabe 10**

a) Grenzen Sie Aufwand und Kosten voneinander ab.

b) Erläutern Sie folgende Aussage: „Der Finanzbuchhalter schreibt ab, weil er dies muss, der Kostenrechner schreibt ab, weil er das will!"

c) Erläutern Sie den Unterschied zwischen Anderskosten und Zusatzkosten.

**Aufgabe 11**

Ende des Jahres 2025 kauft ein Unternehmen eine Produktionsanlage und leistet vom Kaufpreis eine Anzahlung in Höhe von 1 Mio. EUR. Im Jahr 2026 wird die Maschine geliefert, im gleichen Jahr zahlt das Unternehmen weitere 0,5 Mio. EUR. Im Januar 2027 wird die Maschine endlich in betriebsbereiten Zustand versetzt, das Unternehmen zahlt den verbleibenden Rest des Kaufpreises von 1,5 Mio. EUR. Es ist geplant, die Maschine 5 Jahre zu nutzen, hier sind sich Finanzbuchhalter und Kostenrechner einig. In welchen Jahren sind welche Auszahlungen, Aufwendungen und Kosten zu berücksichtigen?

**Aufgabe 12**

Ein Ingwerhändler hat von der Sorte „Teuflisch scharf und gesund" ständig einen eisernen Bestand von 4000 kg auf Lager, den er zu Beginn des Monats Januar mit 8,00 EUR/kg bewertet. Zu diesem Zeitpunkt stockt er den Bestand um 10 000 kg für 8,00 EUR/kg auf. In den nächsten Wochen und Monaten verkauft er folgende Mengen zu folgenden Preisen:

| Verkauf/Monat | Januar | Februar | März | April |
|---|---|---|---|---|
| Verkaufsmenge (kg) | 4000 | 2000 | 3000 | 1000 |
| Verkaufspreis (EUR/kg) | 12,00 | 10,00 | 14,00 | 18,00 |

Die Lieferantenrechnung begleicht der Händler zu jedem Zeitpunkt mit einem Zahlungsziel von einem Monat ohne Skonto. Die Umsatzerlöse gehen sofort bar ein. Für die künftigen Aufstockungen des Lagerbestandes rechnet er mit einem Wiederbeschaffungspreis von 11,00 EUR/kg. Eine erneute Aufstockung erfolgt erst dann, wenn der o.g. Mindestbestand von 4000 kg unterschritten wird.

Ermitteln Sie die Ein- und Auszahlungen, Ein- und Ausgaben, Erträge und Aufwendungen, Leistungen und Kosten sowie die zugehörigen Salden für die ersten vier Monate! Benutzen Sie dafür die folgenden Tabellen!

| Werte in EUR | Januar | Februar | März | April | Summe |
|---|---|---|---|---|---|
| Einzahlung | | | | | |
| Auszahlung | | | | | |
| Saldo 1: | | | | | |

| Werte in EUR | Januar | Februar | März | April | Summe |
|---|---|---|---|---|---|
| Einnahme | | | | | |
| Ausgabe | | | | | |
| Saldo 2: | | | | | |

| Werte in EUR | Januar | Februar | März | April | Summe |
|---|---|---|---|---|---|
| Ertrag | | | | | |
| Aufwand | | | | | |
| Saldo 3: | | | | | |

| Werte in EUR | Januar | Februar | März | April | Summe |
|---|---|---|---|---|---|
| Leistung | | | | | |
| Kosten | | | | | |
| Saldo 4: | | | | | |

Bezeichnen Sie die Salden mit dem passenden Begriff: kalkulatorischer Betriebserfolg, Cashflow, Einnahmenüberschuss, anteiliger Jahresüberschuss.

Was wird Ihnen bei Betrachtung der Salden deutlich?

Welchen Zweck verfolgt der Unternehmer mit dem Ansatz von Wiederbeschaffungspreisen in der Kosten- und Leistungsrechnung?

### Aufgabe 13

Alfredo Flink führt einen Crêpes-Suzette-Stand in der schönen Innenstadt von Offenbach am Main. Sein Stand ist mobil – das ist auch gut so. Er kauft im September 12 kg eines exklusiven Schokoaufstrichs zu 140,00 EUR/kg. Die Bezahlung erfolgt im September und Oktober zu je 50 %. Der Aufstrich wird in seiner Produktion im Oktober (4 kg), im November (5 kg) und im Dezember (3 kg) verbraucht. In welchen Monaten sind in welcher Höhe Auszahlungen, Ausgaben, Aufwendungen und Kosten angefallen?

### Aufgabe 14

Welche der folgenden Aussagen sind richtig, welche sind falsch?

| Nr. | Aussage | Richtig | Falsch |
|---|---|---|---|
| 1 | Aufwand minus Grundkosten ist gleich Zusatzkosten | | |
| 2 | Zweckaufwand minus neutraler Aufwand ist gleich Grundkosten | | |
| 3 | Anderskosten plus Zusatzkosten ist gleich kalkulatorische Kosten | | |
| 4 | Neutraler Aufwand ist gleich Zusatzkosten | | |
| 5 | Zweckaufwand plus Zusatzkosten ist gleich Kosten | | |
| 6 | Grundkosten plus neutraler Aufwand ist gleich Aufwand | | |

## 1.1.3 Kostenkategorien und Kostenrechnungssysteme

### Aufgabe 15

Unterscheiden Sie variable von fixen Kosten und anschließend Einzel- und Gemeinkosten. Sind Gemeinkosten immer fixe Kosten?

## Aufgabe 16

Klären Sie für die nachstehenden Fälle, ob es sich um proportionale/lineare, degressive, progressive oder regressive variable Kosten handelt:

Fall a)

| Produktionsmenge | Gesamtkosten (EUR) | Stückkosten (EUR) |
|---|---|---|
| 1 Stück | 20,00 | 20,00 |
| 2 Stück | 36,00 | 18,00 |
| 3 Stück | 51,00 | 17,00 |

Fall b)

| Produktionsmenge | Gesamtkosten (EUR) | Stückkosten (EUR) |
|---|---|---|
| 1 Stück | 20,00 | 20,00 |
| 2 Stück | 40,00 | 20,00 |
| 3 Stück | 60,00 | 20,00 |

Fall c)

| Produktionsmenge | Gesamtkosten (EUR) | Stückkosten (EUR) |
|---|---|---|
| 1 Stück | 20,00 | 20,00 |
| 2 Stück | 44,00 | 22,00 |
| 3 Stück | 72,00 | 24,00 |

Fall d)

| Produktionsmenge | Gesamtkosten (EUR) | Stückkosten (EUR) |
|---|---|---|
| 1 Stück | 20,00 | 20,00 |
| 2 Stück | 18,00 | 9,00 |
| 3 Stück | 15,00 | 5,00 |

## Aufgabe 17

a) Worum handelt es sich bei sprungfixen/intervallfixen Kosten?

b) Was sind Nutzkosten und Leerkosten?

c) Wofür stehen die Begriffe „Fixkostendegression“ und „Kostenremanenz“?

d) Worum handelt es sich bei Ist-, Normal- und Plankosten?

e) Was unterscheidet relevante von irrelevanten Kosten und was sind Sunk Costs?

f) Wodurch unterscheiden sich primäre von sekundären Kosten?

### Aufgabe 18

Die Surprise GmbH kann bei 100 % Auslastung der Anlagen 20 000 hochwertige Wundertüten für Erwachsene herstellen. Dafür würden 400 000,00 EUR Gesamtkosten anfallen. In diesen sind 12 % variable Kosten enthalten. Es wird ein linearer Kostenverlauf unterstellt. Die Istbeschäftigung beträgt 70 %. Laut Abrechnung betragen die Materialeinzelkosten 14 000,00 EUR und die Fertigungseinzelkosten 13 600,00 EUR. Ermitteln Sie die Höhe der unechten Gemeinkosten!

### Aufgabe 19

Nach welchen Hauptmerkmalen lassen sich Kostenrechnungssysteme unterscheiden und welche Systeme lassen sich daraus entwickeln?

### Aufgabe 20

Was kennzeichnet die Teilkostenrechnung und sind die Begriffe Teilkostenrechnung und Deckungsbeitragsrechnung solche gleichen Inhalts?

### Aufgabe 21

Der Betreiber eines Schokosnack-Bauchladens verzeichnete im letzten Monat Mai bei 1000 zubereiteten und verkauften Snacks 270,00 EUR Gesamtkosten. Den einzelnen Snack verkaufte er zu 0,40 EUR. 100,00 EUR seiner Gesamtkosten waren variable Kosten (Verbrauch von Zutaten wie Schokolade und Maispulver) und 170,00 EUR stellten Fixkosten dar (insbesondere die Abschreibung seines Bauchladens).

a) Erstellen Sie die Ergebnisrechnung für den Mai als Vollkostenrechner.

b) Erstellen Sie die Ergebnisrechnung für den Mai des Teilkostenrechners (Deckungsbeitragsrechners).

c) Es eilt der erste Juni-Kunde heran und fragt danach, ob er wohl 500 Snacks zu je 0,25 EUR erwerben könne. Wie reagiert der Bauchladenbesitzer als Voll-, und wie als Teilkostenrechner?

d) Welche Reaktion ist wirtschaftlich vernünftiger?

### Aufgabe 22

Nennen und beschreiben Sie die beiden zentralen Probleme der Vollkostenrechnung und erläutern Sie eine daraus resultierende exemplarische Gefahr. Gehen Sie anschließend auf das grundsätzliche Problem der Deckungsbeitragsrechnung ein.

## 1.2 Lösungen

### Lösung zu Aufgabe 1

Inhaltlich ist das betriebliche Rechnungswesen zunächst vom volkswirtschaftlichen Rechnungswesen zu unterscheiden. Letzteres hat die Aufgabe, die wirtschaftlichen Transaktionen der Wirtschaftssubjekte darzustellen und u. a. volkswirtschaftliche Leistungsindikatoren, wie etwa die Bruttowertschöpfung oder das Bruttoinlandsprodukt, zu ermitteln. Demgegenüber beinhaltet das betriebliche Rechnungswesen alle Verfahren zur systematischen Erfassung und Auswertung aller quantifizierbaren Vorgänge und Sachverhalte im Unternehmen, mit dem Zweck der Dokumentation, Planung und Kontrolle des betrieblichen Geschehens. Hierzu sind alle wirtschaftlich relevanten Sachverhalte mengen- und wertmäßig zu erfassen, aufzubereiten und zu analysieren.

### Lösung zu Aufgabe 2

Das externe Rechnungswesen findet in der Finanzbuchhaltung seinen laufenden Niederschlag. Die Konten der Finanzbuchhaltung sind anschließend Grundlage bei der Erstellung des Jahresabschlusses (bestehend aus mindestens der Bilanz und der Gewinn- und Verlustrechnung). Das externe Rechnungswesen wird nicht freiwillig, sondern aufgrund handels- und steuerrechtlicher Bestimmungen betrieben. Die Bezeichnung „extern" weist daraufhin, dass dieser Teil des Rechnungswesens die Informationsbedürfnisse von Unternehmensexternen (Finanzbehörde, Banken, Lieferanten etc.) befriedigen soll.

Das interne Rechnungswesen besteht aus der Kosten- und Leistungsrechnung (Kurzform: Kostenrechnung), der oder den Planungsrechnungen (wie etwa der Finanzplanung oder der Investitionsrechnung) und der betrieblichen Statistik (als sonstige Rechnungen umfassende Restkategorie). Das interne Rechnungswesen wird grundsätzlich freiwillig betrieben, dies gilt sowohl für das Ob als auch für das Wie. Aufgabe des internen Rechnungswesens ist die Befriedigung der Informationsbedürfnisse von Unternehmensinternen, insbesondere dem Management.

Unter der Bezeichnung Accounting wird i. d. R. das betriebliche Rechnungswesen verstanden. Dabei entspricht das Financial Accounting dem externen und das Management (auch Managerial) Accounting dem internen Rechnungswesen.

### Lösung zu Aufgabe 3

Alle Aussagen sind falsch!

a) Der Jahresabschluss besteht zumindest auch aus der GuV (Gewinn- und Verlustrechnung).

b) Das externe Rechnungswesen basiert auch auf handelsrechtlichen Bestimmungen.

c) Unsinn.

d) Grundsätzlich ist auch das interne Rechnungswesen ein Bestandteil.

e) Sie sind lediglich verpflichtet, den Jahresabschluss offenzulegen.

f) Unsinn.

g) Der Kostenrechner ermittelt einen Mindestpreis, d.h. eine Preisuntergrenze – den Angebotspreis zu bestimmen ist Marketingaufgabe (Preispolitik im Marketing-Mix).

h) Leider nicht, es wäre ohnehin die falsche Institution.

**Lösung zu Aufgabe 4**

a) Die drei Teilbereiche der Kosten- und Leistungsrechnung sind die Kostenarten-, Kostenstellen- und Kostenträgerrechnung (bestehend aus der Kostenträgerstück- und der Kostenträgerzeitrechnung).

b) Die zentralen Aufgaben der Kostenrechnung sind die Wirtschaftlichkeitsanalyse (im Rahmen der Kostenstellenrechnung), die Bestimmung von Preisuntergrenzen (im Rahmen der Kostenträgerstückrechnung = Kalkulation) und die Ermittlung kurzfristiger, i.d.R. monatlicher, Erfolgsgrößen (im Rahmen der Kostenträgerzeitrechnung = kurzfristige Erfolgsrechnung = Betriebsergebnisrechnung). Zudem dient eine hierzu geeignete Kostenrechnung dazu, in bestimmten Situationen (wie etwa bei der Festlegung eines optimalen Produktionsprogramms) wesentliche entscheidungsrelevante Informationen zu liefern.

c) Beide Rechnungen zählen zum internen Rechnungswesen, werden folglich freiwillig und für interne Zwecke betrieben. Während die Kostenrechnung eine laufende Rechnung ist, ist die Investitionsrechnung eine fallweise Rechnung. Zudem werden in der Kostenrechnung ausnahmslos Kosten und Leistungen, in der Investitionsrechnung auch Ein- und Auszahlungen verrechnet.

d) Eine Gemeinsamkeit ist, dass beide Rechnungen laufend betrieben werden. Außerdem erfüllen beide Rechnungen Kontrollzwecke. Neben den zuvor (Aufgabe 2) genannten Unterschieden zwischen dem externen und dem internen Rechnungswesen, werden in der Finanzbuchhaltung Aufwand und Ertrag, in der Kostenrechnung jedoch Kosten und Leistungen verrechnet.

**Lösung zu Aufgabe 5**

a) Wasserzulauf und Wasserablauf würden je Stunde, je Tag etc. gemessen werden – also innerhalb von zwei Zeitpunkten und damit in einem Zeitraum. Der Pegelstand des Wassers im Fass hingegen würde jeweils zu einem Zeitpunkt gemessen werden.

b) Ein- und Auszahlungen verändern den Zahlungsmittelbestand (alle sofort verfügbaren Barmittel, z. B. Kassenbestand und Guthaben auf Sichtkonten). Einnahmen und Ausgaben verändern das Geldvermögen (Zahlungsmittel plus Forderungen minus Verbindlichkeiten). Ertrag und Aufwand verändern das Reinvermögen (Geldvermögen plus Sachvermögen, d. h. Zahlungsmittel plus Forderungen plus Sachvermögen minus Verbindlichkeiten).

c) Sie sind (aus didaktischen Gründen) unvollständig. So sind etwa Rückstellungen als unsichere Schulden nicht berücksichtigt und neben dem Geld- und Sachvermögen existieren auch immaterielle Vermögensgegenstände (wie etwa Softwarelizenzen) oder Finanzanlagen (wie etwa langfristige Beteiligungen). Alle genannten zusätzlichen Posten würden bei Blick auf eine Unternehmensbilanz zur Ermittlung des Reinvermögens auch berücksichtigt werden.

d) Die Beschäftigung mit diesem Thema ist essenziell für das Verständnis realer Unternehmenssituationen. Denn es existieren eben wirtschaftliche Vorgänge, die die Zahlungsfähigkeit beeinflussen und solche, die den Gewinn beeinflussen. Zudem existieren unterschiedliche Gewinndimensionen, wie etwa der Jahresüberschuss (zentrale Gewinngröße des externen Rechnungswesens) oder das kalkulatorische Betriebsergebnis (Gewinngröße der Kosten- und Leistungsrechnung). Man möge sich vor Augen halten, dass eine Unternehmensinsolvenz wegen Zahlungsunfähigkeit trotz prächtiger Gewinnsituation durchaus möglich ist.

Die Beschäftigung mit diesem Thema fällt einigen Studierenden wohl insbesondere deswegen schwer, weil diese Stromgrößen von ihnen bereits zuvor in irgendeiner Weise, umgangssprachlich verwandt wurden. Das daraus folgende Beantworten von entsprechenden Fragestellungen während des Studiums „aus dem Bauch heraus" führt dann häufig zu fehlerhaften Antworten.

Nur ein Blick in das HGB genügt, um zu erfahren, dass in den Rechtswissenschaften die in der Ökonomie anzutreffende Begriffsabgrenzung nicht gilt. Dort existiert nicht etwa eine andere Abgrenzung, es existiert schlicht keine. Insofern kann dem Studierenden der Ökonomie die auftretende Irritation bei Betrachtung des § 250 HGB „Ausgaben vor … Aufwand nach …", des § 255 HGB „Anschaffungskosten" und „Herstellungskosten" oder des § 275 HGB „Gesamt- und Umsatzkostenverfahren" nicht genommen werden.

**Lösung zu Aufgabe 6**

a) Der Zahlungsmittelbestand ist (zunächst) nicht betroffen, aber der Zielverkauf erhöht die Forderungen des Händlers, somit steigt das Geldvermögen. Es handelt sich nicht um eine Einzahlung, aber um eine Einnahme.

b) Der Zahlungsmittelbestand steigt, das Geldvermögen bleibt konstant (da zwar die Zahlungsmittel steigen, aber die Forderungen sinken). Es handelt sich folglich um eine Einzahlung, aber um keine Einnahme.

c) Der Barverkauf stellte eine Einzahlung und zugleich eine Einnahme dar.

d) Die Barspende reduziert den Zahlungsmittelbestand, zugleich das Geldvermögen und zugleich das Reinvermögen. Insofern handelt es sich um eine Auszahlung, eine Ausgabe und auch um einen Aufwand. Da aber eine Spende an das Tierheim nicht betrieblich bedingt ist, liegen keine Kosten vor.

e) Der Barverkauf stellt eine Einzahlung und Einnahme dar. Da die Anlage abgeschrieben ist, verändert jedoch der Verkauf nicht das Sachvermögen. Da sich hierdurch das Reinvermögen erhöht (Geldvermögen: plus 1000,00 EUR, Sachvermögen: 0,00 EUR) stellt der Vorgang auch einen Ertrag in Höhe von 1000,00 EUR dar. Weil es nicht der Betriebszweck ist, Anlagen zu verkaufen, repräsentiert der Vorgang keine Leistung.

f) Wegen des Zielkaufs verringert sich der Zahlungsmittelbestand nicht, aber die Verbindlichkeiten steigen, es handelt sich folglich zunächst um eine Ausgabe. Der Verringerung des Geldvermögens steht die betragsgleiche Erhöhung des Sachvermögens gegenüber, daher liegt kein Aufwand vor.

g) Insgesamt ist die Forderung auszubuchen, zum Teil, weil der Kunde zahlte, zum anderen Teil, weil der verbleibende Rest nicht bezahlt wird (Einzelwertberichtigung). Der gezahlte Teil stellt eine Einzahlung dar. Der ausgebuchte Forderungsteil ist Aufwand.

h) Es handelt sich um einen (neutralen) Aufwand.

**Lösung zu Aufgabe 7**

a) Das Geldvermögen sinkt, der Zahlungsmittelbestand bleibt konstant, z. B. ein Zielkauf.

b) Der Zahlungsmittelbestand sinkt, das Geldvermögen bleibt konstant, z. B. die Begleichung einer offenen Rechnung.

c) Sowohl der Zahlungsmittelbestand als auch das Geldvermögen bleiben konstant, aber das Reinvermögen sinkt. Es muss sich folglich um eine Verringerung des Sachvermögens handeln. Beispiele wären die Abschreibung eines Fahrzeugs oder der Rohstoffverbrauch.

d) Es erhöhen sich in gleichem Maße der Zahlungsmittelbestand, das Geldvermögen und das Reinvermögen. Der Händler verkauft z. B. nicht mehr benötigte Regale über Buchwert bar (Buchwert = 1000,00 EUR, Barverkaufspreis = 1500,00 EUR; in Höhe von 500,00 EUR liegt in gleicher Höhe eine Einzahlung, eine Einnahme und ein Ertrag vor).

e) Es muss sich um einen Barvorgang handeln, welcher das Reinvermögen mindert und der betriebsbedingt ist. Ein Beispiel wäre das pünktliche Überweisen der Gehälter an die Mitarbeiter.

**Lösung zu Aufgabe 8**

a) Die Auftragsvergabe an den Kaufmann löst sicherlich Freude, jedoch keine Veränderung der hier relevanten Bestandsgrößen aus. Mit der Fertigstellung des Produkts allein entsteht keine Forderung gegenüber dem Kunden und die spätere Zahlung erhöht zwar den Zahlungsmittelbestand, nicht jedoch das Geldvermögen. Das Geldvermögen steigt, wenn die Forderung entsteht und dieses ist dann gegeben, wenn im zweiseitigen Rechtsgeschäft (einer liefert, einer zahlt), der Kaufmann seine Leistung erbracht hat, also zum Zeitpunkt der Lieferung an den Kunden.

b) Weil der Ertragsbegriff außerhalb der ökonomischen Lehre im Sinne eines Nettoertrags, Bruttoertrags, Ertrags im Sinne des Gesamtkostenverfahrens und im Sinne des Umsatzkostenverfahrens Verwendung findet. Es kann also möglich sein, dass er einen Umsatz in dieser Höhe oder aber einen Gewinn in dieser Höhe erzielt hat, es kann aber auch sein, dass er nur produziert, jedoch nichts verkauft hat.

c) Es handelt sich hier um zwei - rechtsformenunabhängige - Ausnahmen von der Regel, denn es gilt: Jeder Ertrag (Aufwand) führt zu einer Reinvermögenserhöhung (-reduzierung), aber umgekehrt gilt nicht, dass jede Reinvermögenserhöhung (-reduzierung) auch einen Ertrag (einen Aufwand) darstellt. Beide genannten Fälle sind liquiditätswirksam, jedoch nicht erfolgswirksam. Die Gewinnausschüttung stellt eine Auszahlung und Ausgabe, die Kapitalerhöhung eine Einzahlung und Einnahme dar.

### Lösung zu Aufgabe 9

a) Neutraler Aufwand

b) Neutraler Aufwand

c) Zweckaufwand

d) Kalkulatorische Kosten

e) Kalkulatorische Kosten

f) Neutrale Aufwendungen

g) Kalkulatorische Kosten

### Lösung zu Aufgabe 10

a) Aufwand liegt bei einer Reinvermögensreduzierung vor (Werteverzehr), Kosten stellen Werteverzehre im Rahmen des Betriebszwecks, also der Herstellung und dem Verkauf von Regenschirmen oder dem Ein- und Verkauf von Lebensmitteln etc. dar (betriebsbedingter Werteverzehr).

b) Der Finanzbuchhalter schreibt abnutzbare Gegenstände des Anlagevermögens ab, weil er hierzu aufgrund von handels- und steuerrechtlichen Bestimmungen verpflichtet ist. Wäre dem nicht so, würden sicherlich nahezu alle Unternehmer den Kaufpreis (die Herstellungskosten) im Jahr der Anschaffung (Herstellung) in voller Höhe als Aufwand ansetzen, denn 1,00 EUR Steuerersparnis heute ist real mehr wert als 1,00 EUR Steuerersparnis in 10 Jahren. Der Kostenrechner berücksichtigt keine rechtlichen Regelungen. Sein Ziel besteht allerdings auch darin, in den Mindestpreisen eine adäquate Ressourcenbeanspruchung zur Geltung kommen zu lassen.

c) Kalkulatorische Kosten lassen sich in Anders- und Zusatzkosten differenzieren. Anderskosten sind Kosten, die von ihrer Art her auch in der Finanzbuchführung existieren, dort aber in anderer Höhe erfasst werden (z. B. bilanzielle Abschreibungen in der Finanzbuchhaltung, kalkulatorische Abschreibungen in der Kostenrechnung). Zusatzkosten hingegen existieren nur in der Kostenrechnung (z. B. kalkulatorische Wagniskosten).

### Lösung zu Aufgabe 11

Wichtig: Abschreibungen sind erst dann zu berücksichtigen, wenn die Anlage in betriebsbereitem Zustand ist!

Auszahlungen: 500 000,00 EUR in 2025, 1 Mio. EUR in 2026 und 1,5 Mio. EUR in 2027. Aufwand und Kosten: ab 2027 bis 2031 je 600 000,00 EUR/ Jahr

**Lösung zu Aufgabe 12**

| Werte in EUR | Januar | Februar | März | April | Summe |
|---|---|---|---|---|---|
| Einzahlung | 48 000,00 | 20 000,00 | 42 000,00 | 18 000,00 | 128 000,00 |
| Auszahlung | 0,00 | 80 000,00 | 0,00 | 0,00 | 80 000,00 |
| Cashflow | 48 000,00 | -60 000,00 | 42 000,00 | 18 000,00 | 48 000 |

| Werte in EUR | Januar | Februar | März | April | Summe |
|---|---|---|---|---|---|
| Einnahme | 48 000,00 | 20 000,00 | 42 000,00 | 18 000,00 | 128 000,00 |
| Ausgabe | -80 000,00 | 0,00 | 0,00 | 0,00 | 80 000,00 |
| Einnahmenüberschuss | -32 000,00 | 20 000,00 | 42 000,00 | 18 000,00 | 48 000,00 |

| Werte in EUR | Januar | Februar | März | April | Summe |
|---|---|---|---|---|---|
| Ertrag | 48 000,00 | 20 000,00 | 42 000,00 | 18 000,00 | 128 000,00 |
| Aufwand | 32 000,00 | 16 000,00 | 24 000,00 | 8000,00 | 80 000,00 |
| Anteiliger Jahresüberschuss | 16 000,00 | 4000,00 | 18 000,00 | 10 000,00 | 48 000,00 |

| Werte in EUR | Januar | Februar | März | April | Summe |
|---|---|---|---|---|---|
| Leistung | 48 000,00 | 20 000,00 | 42 000,00 | 18 000,00 | 128 000,00 |
| Kosten | 44 000,00 | 22 000,00 | 33 000,00 | 11 000,00 | 0,00 |
| Kalkulatorischer Betriebserfolg | 4000,00 | -2000,00 | 9000,00 | 7000,00 | 18 000,00 |

In den Tabellen finden sich die jeweiligen Saldenbezeichnungen. Bei Betrachtung der Salden wird deutlich, dass im Falle lange genug gewählter Zeiträume Cashflow, Einnahmenüberschuss und finanzbuchhalterischer Gewinn übereinstimmen.

Der Ansatz von Wiederbeschaffungspreisen in der Kostenrechnung dient dem Ziel der Substanzerhaltung. Im Falle stark ansteigender Wiederbeschaffungspreise würde eine kostenrechnerische Orientierung an ehemaligen Anschaffungspreisen zur Substanzreduzierung führen.

## Lösung zu Aufgabe 13

| Angaben in EUR | September | Oktober | November | Dezember |
|---|---|---|---|---|
| Auszahlung | 840,00 | 840,00 | | |
| Ausgabe | 1680,00 | | | |
| Aufwand | | 560,00 | 700,00 | 420,00 |
| Kosten | | 560,00 | 700,00 | 420,00 |

Der Ansatz von Wiederbeschaffungspreisen kann zweckmäßigerweise in der Kostenrechnung erfolgen, muss es aber nicht.

## Lösung zu Aufgabe 14

| Nr. | Aussage | richtig | falsch |
|---|---|---|---|
| 1 | Aufwand minus Grundkosten ist gleich Zusatzkosten | | ✗ |
| 2 | Zweckaufwand minus neutraler Aufwand ist gleich Grundkosten | | ✗ |
| 3 | Anderskosten plus Zusatzkosten ist gleich kalkulatorische Kosten | ✗ | |
| 4 | Neutraler Aufwand ist gleich Zusatzkosten | | ✗ |
| 5 | Zweckaufwand plus Zusatzkosten ist gleich Kosten | | ✗ |
| 6 | Grundkosten plus neutraler Aufwand ist gleich Aufwand | | ✗ |

## Lösung zu Aufgabe 15

Variable Kosten ändern sich in Abhängigkeit einer Kosteneinflussgröße (z. B. Produktionsmenge oder Absatzmenge), fixe Kosten bleiben grundsätzlich konstant. Einzelkosten sind einem Bezugsobjekt (Produkt, Projekt, Kostenstelle) eindeutig zurechenbar, Gemeinkosten nicht.

Einzelkosten sind i. d. R. variable Kosten, Gemeinkosten sind entweder fix (mehrheitlich) oder variabel.

## Lösung zu Aufgabe 16

Fall a) degressive variable Kosten

Fall b) proportionale/lineare variable Kosten

Fall c) progressive variable Kosten

Fall d) regressive variable Kosten

## Lösung zu Aufgabe 17

a) Sprung- oder auch intervallfixe Kosten sind bis zu einer Beschäftigungsgrenze konstant und steigen bei deren Überschreitung auf ein höheres Niveau an.

b) Fixkosten = Nutzkosten plus Leerkosten. Nutzkosten stehen für ausgelastete Ressourcen, Leerkosten für unausgelastete. Ist es bei Fixkosten/Tag von 100 000,00 EUR möglich, 100 Stück zu produzieren und wurden lediglich 90 produziert, so betragen die Nutzkosten 90 000,00 EUR und die Leerkosten 10 000,00 EUR.

c) Fixkostendegression meint den Sachverhalt sinkender Stückfixkosten bei steigender Stückzahl (z. B. Produktionsmenge). Als Kostenremanenz wird der Effekt beschrieben, dass die Kosten bei einem rückläufigen Beschäftigungsgrad nicht im gleichen Maße sinken, wie sie zuvor bei steigender Beschäftigung gestiegen sind.

d) Es handelt sich hierbei um eine Kategorisierung nach dem Zeitbezug der Kosten. Istkosten sind die Kosten der letzten Periode (oder der letzten Transaktion), Normalkosten sind die durchschnittlichen Istkosten der vergangenen Perioden und Plankosten sind die künftig erwarteten Kosten.

e) Hierbei handelt es sich um eine Differenzierung der Kosten in bestimmten Entscheidungssituationen, relevante Kosten sind zu berücksichtigen, irrelevante nicht. Ändert sich die Situation, können gewisse Kosten zu relevanten/irrelevanten werden. Erwägt ein Unternehmen, das über 100 verschiedene Produkte in 10 Produktgruppen anbietet, eines der Produkte zu eliminieren, so sind die durch den Produktgruppenmanager bedingten Personalkosten i. d. R. irrelevante, die durch das Produkt bedingten Materialkosten relevante Kosten. Ändert sich nun die Entscheidungssituation und man überlegt, die komplette Produktgruppe aufzugeben, so werden die durch den Produktgruppenmanager bedingten Personalkosten zu relevanten Kosten. Sunk Costs stellen einen Spezialfall irrelevanter Kosten dar, sie waren in der Vergangenheit relevant und sind es nun nicht mehr. Überlegt der Büromaterialhändler im Dezember 2025 die Tischkalender zum Jahr 2025 günstiger anzubieten, so stellen die vergangenen Wareneinstandskosten sicherlich keine relevanten Kosten mehr dar.

f) Primäre Kosten sind Kosten, die beim Verbrauch von Gütern anfallen, die von außerhalb der Unternehmung bezogen werden. Einige Unternehmen erstellen neben den eigentlichen Leistungen, die am Markt abgesetzt werden, auch solche, die im Betrieb wieder zum Einsatz kommen. Sekundäre Kosten sind also Kosten, die beim Verzehr innerbetrieblicher Leistungen entstehen (Beispiel: der Produktionsleiter erhält durch die 1238 verzehrten minderwertigen Mahlzeiten seiner Mitarbeiter in der Kantine eine Kostenzurechnung von 1238 × 2,00 EUR = 2476,00 EUR).

### Lösung zu Aufgabe 18

| | | |
|---|---|---|
| Gesamte variable Kosten bei 100 % Auslastung: | 400 000,00 EUR × 12 % | = 48 000 EUR |
| Gesamte variable Kosten bei 70 % Auslastung: | 48 000,00 EUR × 70 % | = 33 600 EUR |
| Ermittlung der unechten Gemeinkosten: | variable Kosten | = 33 600 EUR |
| | – MEK | = 14 000 EUR |
| | – FEK | = 13 600 EUR |
| | Unechte Gemeinkosten | = 6000 EUR |

### Lösung zu Aufgabe 19

Kostenrechnungssysteme lassen sich zum einen nach dem Zeitbezug der verrechneten Kosten, und zum anderen nach dem Sachumfang der auf die Kostenträger verrechneten Kosten einteilen. Der Zeitbezug der verrechneten Kosten ist das erste Kriterium für die Differenzierung zwischen unterschiedlichen Kostenrechnungssystemen. Aus dieser Einteilung folgen die Istkosten-, Normalkosten- und Plankostenrechnungssysteme. Orientiert man sich an dem Sachumfang der auf die Kostenträger verrechneten Kosten, gelangt man zur Einteilung in Vollkosten- und Teilkostenrechnungssysteme.

### Lösung zu Aufgabe 20

Der Begriff Teilkostenrechnung soll den abrechnungstechnischen Gegensatz zur Vollkostenrechnung zum Ausdruck bringen. Im System der Teilkostenrechnung, von dem es mindestens zwei grundsätzliche Varianten gibt (Deckungsbeitragsrechnung und relative Einzelkostenrechnung), werden den einzelnen Kostenträgern nur Teile der Gesamtkosten zugerechnet. Welche Kostenelemente dies sind, lässt sich nicht pauschal, sondern nur in Bezug auf die jeweilige Variante der Teilkostenrechnung sagen. Während die Deckungsbeitragsrechnung (Direct Costing) auf der Trennung von variablen und fixen Kosten basiert, fußt die relative Einzelkostenrechnung auf der Trennung von Einzel- und Gemeinkosten. Folglich handelt es sich bei den beiden Begriffen nicht um solche gleichen Inhalts – die Deckungsbeitragsrechnung ist eine Variante der Teilkostenrechnung (welche allerdings in der betrieblichen Praxis wesentlich häufiger anzutreffen ist).

**Lösung zu Aufgabe 21**

a) Den Vollkostenrechner interessiert die Aufteilung der Kosten in ihre variablen und fixen Bestandteile nicht. Seine Rechnung lautet: Umsatzerlöse (Leistungen) von 400,00 EUR minus Kosten von 270,00 EUR ist gleich das Betriebsergebnis in Höhe von 130,00 EUR.

b) Für den Teilkostenrechner ist die Aufteilung in fixe und variable Kostenbestandteile essenziell. Er fügt in seinen Abrechnungsgang eine zusätzliche Stufe ein. Unter der Annahme proportionaler variabler Kosten gelangt er auf variable Stückkosten von 0,10 EUR. Somit resultiert ein Deckungsbeitrag je Snack (Brutto-Stückgewinn) von 0,30 EUR und kumuliert von 300,00 EUR. Damit sind zunächst die Fixkosten von 170,00 EUR zu decken und es verbleibt ein Betriebsergebnis von 130,00 EUR.

c) Der Unterschied in der Ergebnisrechnung war (hier!) nicht dramatisch, jener als Reaktion auf die Kundenanfrage ist es durchaus. Der Vollkostenrechner lehnt diesen Auftrag ab, denn er orientiert sich an seinen Stückkosten im Mai in Höhe von (270,00 EUR/1000 =) 0,27 EUR und ist nicht bereit, einen Stückverlust von 0,02 EUR hinzunehmen. Der Teilkostenrechner hingegen nimmt diesen Auftrag an, denn je Snack würde er dabei einen positiven Deckungsbeitrag von (0,25 EUR – 0,10 EUR =) 0,15 EUR erzielen.

d) Wäre die Frage eindeutig zu beantworten, gäbe es längst eines der beiden Systeme nicht mehr. Insofern ist die Antwort: Es kommt darauf an (diese Antwort sollten Sie sich insbesondere für mündliche Prüfungen merken: sie zeigt differenziertes Denken, sie schafft Ihnen mehr Zeit zum Reflektieren und sie stimmt in ökonomischen Disziplinen zumeist)! Das, worauf es hier ankommt, ist das zusätzliche Auftragsvolumen im Juni. Geht der Bauchladenbesitzer von Unterbeschäftigung aus (im Extremfall kommt kein weiterer Kunde), dann sollte er als Teilkostenrechner agieren. Somit würde er einen Deckungsbeitrag in Höhe von (500 × 0,15 EUR =) 75,00 EUR und damit einen Verlust von lediglich 95,00 EUR erzielen. In diesem Szenario würde der den Auftrag ablehnende Vollkostenrechner schlechter abschneiden, sein Verlust würde in Höhe der Fixkosten zu Buche schlagen und 170,00 EUR betragen. Geht der Bauchladenbesitzer hingegen von Vollbeschäftigung aus und erwartet überaus viele „Normalkunden", so stellt er sich als Vollkostenrechner besser. Mit seinen freien Kapazitäten kann er sofort die lukrativeren Kunden bedienen, währenddessen der Teilkostenrechner zunächst den weniger lukrativen Auftrag abarbeiten muss und damit einen Teil seiner Monatskapazitäten auslastet. Das Problem ist eben, dass kaum ein Bauchladenbesitzer Anfang Juni seine Auftragslage Ende Juni mit Gewissheit kennt.

### Lösung zu Aufgabe 22

Die beiden grundsätzlichen Probleme der Vollkostenrechnung sind die Fixkostenproportionalisierung und die willkürliche Gemeinkostenschlüsselung. In den Vollkosten/Stück enthalten sind stückfixe Kosten, diese wurden unter der Annahme einer bestimmten Stückzahl ermittelt. Da diese Stückzahl zwar ex post, nicht aber ex ante sicher ist, handelt es sich in diesem Fall bei den Vollkosten/Stück um eine rechnerische Fiktion. Fixkosten entstehen nicht pro Stück, sondern als Kostenblock in jeder Periode.

Gemeinkosten lassen sich nicht eindeutig den jeweiligen Bezugsobjekten zuordnen. Erfolgt diese Zurechnung in der Absicht, dem Bezugsobjekt alle Kosten zuzuordnen, dennoch, so stellt dieses einen willkürlichen Akt dar und hätte auch in anderer Form erfolgen können.

Eine hieraus resultierende Gefahr besteht darin, dass der Unternehmer Fehlentscheidungen trifft (etwa im Falle der Eliminierung verlustbringender Produkte oder im Falle von „Make-or-buy"-Situationen).

Grundsätzlich ist zur Deckungsbeitragsrechnung anzumerken, dass sie keine Fixkosten proportionalisiert, aber das Problem der willkürlichen Gemeinkostenrechnung nicht vollständig ausräumt. Grund hierfür ist die Orientierung an den variablen Kosten, die eben neben den Einzelkosten auch einen Teil der Gemeinkosten (variable Gemeinkosten) beinhalten. Das Hauptproblem ist jedoch, dass in vielen Situationen (wie etwa bei der

Bestimmung von Preisuntergrenzen) die Berücksichtigung der variablen Kosten allein zu wenig Orientierung bietet und es durchaus denkbar ist, dass bei 1000 Geschäftsabschlüssen im Monat mit ausnahmslos positiven Deckungsbeiträgen, 1000 Mal Freude einkehrt, man aber dann feststellt, dass der positive, kumulierte Deckungsbeitrag nicht ausreicht die Fixkosten zu decken.

# 2 Vollkostenrechnung

## 2.1 Aufgaben

### 2.1.1 Kostenartenrechnung in der Vollkostenrechnung

**Aufgabe 23**

Beschreiben Sie das Wesen der Kostenartenrechnung.

**Aufgabe 24**

Nach welchen Kriterien lassen sich die Gesamtkosten eines Betriebes systematisieren?

**Aufgabe 25**

a) Differenzieren Sie Roh-, Hilfs- und Betriebsstoffe allgemein und anhand eines Beispiels.

b) Beschreiben Sie kurz die beiden Schritte zur Erfassung der Materialkosten.

c) Nennen und beschreiben Sie die Alternativen zur Erfassung des mengenmäßigen Materialverbrauchs. Gehen Sie dabei auch auf die jeweiligen Vor- und Nachteile dieser Alternativen ein.

d) Geben Sie einen Überblick zu den Methoden der Bewertung des Materialverbrauchs.

## Aufgabe 26

Ihre Aufgabe besteht darin, anhand der folgenden Zahlenangaben den mengenmäßigen Materialverbrauch für den November nach der Inventur-, Skontrations- und retrograden Methode zu berechnen und die Ergebnisunterschiede zu erläutern.

| | | |
|---|---|---|
| Anfangsbestand des Materials | 01.11. | 850 kg |
| Abgang lt. Beleg | 09.11. | 230 kg |
| Abgang lt. Beleg | 14.11. | 150 kg |
| Abgang lt. Beleg | 20.11. | 270 kg |
| Abgang lt. Beleg | 21.11. | 240 kg |
| Abgang lt. Beleg | 27.11. | 80 kg |
| Endbestand lt. Inventur | 30.11. | 690 kg |

Produziert wurden von Produkt I (2,50 kg Materialverbrauch pro Stück) 120 Stück und von Produkt II (0,80 kg Materialverbrauch pro Stück) 330 Stück.

## Aufgabe 27

Folgende Informationen (Mengen und Beschaffungspreise) zu einem Rohstoff liegen zum Monat Oktober vor:

| | |
|---|---|
| Anfangsbestand | 200 Stück zu je 5,00 EUR |
| Zugang I | 300 Stück zu je 2,00 EUR |
| Abgang I | 200 Stück |
| Zugang II | 300 Stück zu je 2,00 EUR |
| Abgang II | 100 Stück |
| Zugang III | 200 Stück zu je 4,00 EUR |

Wie ist der Abgang zu bewerten nach

a) dem periodischen Durchschnittspreisverfahren und

b) dem gleitenden Durchschnittspreisverfahren?

## Aufgabe 28

Welche Komponenten zählen zu den Personalkosten und wie sind diese kostenrechnerisch relevant zu differenzieren?

## Aufgabe 29

Ein Unternehmer erwirbt eine Produktionsanlage zum Preis von 480 000,00 EUR, die er fünf Jahre lang nutzen möchte. In seiner Kalkulation geht er davon aus, dass er die Anlage nach fünf Jahren zu 30 000,00 EUR verkaufen wird und dann für die Ersatzbeschaffung 540 000,00 EUR zu zahlen hat. Mit seiner Kalkulation der Abschreibung möchte er dafür Sorge tragen, die Anlage in fünf Jahren ersetzen zu können. Er geht von folgenden Produktionsmengen in den Jahren 1 – 5 aus: 100 000 kg/160 000 kg/220 000 kg/ 240 000 kg/300 000 kg (Angaben je Jahr, d. h. nicht kumuliert). Berechnen Sie die jährlichen Abschreibungen nach den folgenden Methoden:

a) lineare Abschreibung
b) geometrisch-degressive Abschreibung
c) arithmetisch-degressive Abschreibung
d) leistungsabhängige Abschreibung

## Aufgabe 30

Beurteilen Sie die folgenden Aussagen als richtig oder falsch:

a) Kalkulatorische Abschreibungen sollten den Wiederbeschaffungspreis als Ausgangswert haben.
b) Kalkulatorische Abschreibungen erfassen möglichst den tatsächlichen Werteverzehr.
c) Kalkulatorische Abschreibungen erfolgen nicht aufgrund gesetzlicher Regelungen.
d) Kalkulatorische Abschreibungen sind nicht zwangsläufig höher als bilanzielle Abschreibungen.
e) Kalkulatorische Abschreibungen werden i. d. R. nicht bis auf einen Erinnerungswert vorgenommen.

## Aufgabe 31

Eine Maschine ist in vier aufeinander folgenden Jahren jeweils mit 20 % vom Restwert geometrisch-degressiv abgeschrieben worden. Nach Ablauf dieser vier Jahre beträgt der Restwert der Maschine noch 40 960,00 EUR. Wie hoch war der Ausgangswert der Anlage?

## Aufgabe 32

Beurteilen Sie, ob die folgenden Behauptungen richtig sind oder nicht! Grundlage zur Berechnung der kalkulatorischen Zinsen bildet:

a) das Grundkapital der Unternehmung.

b) ausschließlich das betriebsnotwendige Anlagevermögen.

c) das Gesamtkapital des Unternehmens.

d) das betriebsnotwendige Kapital.

e) die Bilanzsumme des Unternehmens.

## Aufgabe 33

Der Unternehmer Max Profit weist im ersten Jahr seiner Geschäftstätigkeit folgenden Daten aus:

- Gesamtertrag: 198 600,00 EUR,
- Gesamtaufwand: 107 200,00 EUR.

Für die private Lebenshaltung sind ihm monatlich Ausgaben in Höhe von 2500,00 EUR entstanden. Seinen Geschäftsbetrieb hat er in eigenen Geschäftsräumen aufgenommen; bei Fremdvermietung wären monatlich 3500,00 EUR zu erzielen gewesen. Als Startkapital hat Herr Profit Eigenmittel in Höhe von 50 000,00 EUR eingesetzt, deren Anlage auf dem Kapitalmarkt zu 1 % p. a. möglich gewesen wäre. Im Angestelltenverhältnis hätte Herr Profit für eine vergleichbare Tätigkeit 4000,00 EUR pro Monat erhalten. Wie hoch sind sein handelsrechtlicher Gewinn und wie hoch sein Betriebsergebnis?

## 2.1.2 Kostenstellenrechnung in der Vollkostenrechnung

### Aufgabe 34

a) Um was handelt es sich bei einer Kostenstelle?

b) Nach welchen Gesichtspunkten können Kostenstellen systematisiert werden?

c) Geben Sie Beispiele für Kostenstellen des Materialbereichs, des Fertigungsbereichs, des Verwaltungsbereichs und des Vertriebsbereichs.

d) Worin bestehen die Unterschiede zwischen Hilfs- und Hauptkostenstellen?

e) Welche Grundsätze sind bei der Gliederung des Betriebes in Kostenstellen zu beachten?

f) Was sind Nebenkostenstellen?

g) Was verstehen Sie unter einer Bezugsgröße? Geben Sie einige Beispiele!

h) Skizzieren Sie die einzelnen Arbeitsschritte bei der BAB-Erstellung

### Aufgabe 35

Beurteilen Sie, ob die folgenden Behauptungen richtig sind oder nicht! Zu den Verfahren der innerbetrieblichen Leistungsverrechnung zählen:

| Behauptungen | Richtig | Falsch |
|---|---|---|
| das Stufenleiterverfahren | | |
| das Durchschnittsverfahren | | |
| das grafische Verfahren | | |
| das Anbauverfahren | | |
| das Mittelwertverfahren | | |
| das Gleichungsverfahren | | |

**Aufgabe 36**

Der BAB des Betriebes hat nach Abschluss des Monats März nachstehendes Aussehen. Auf die Angabe der einzelnen Kostenarten wurde aus Vereinfachungszwecken verzichtet:

| BAB | | Allgemeine Kostenstellen | | Hauptkostenstellen | | | |
|---|---|---|---|---|---|---|---|
| Werte in TEUR | Σ | Strom-stelle | Repa-ratur | Material | Ferti-gung | Verwal-tung | Vertrieb |
| Σ primäre GK | 149 | 10 | 24 | 30 | 50 | 20 | 15 |

Es ist die innerbetriebliche Leistungsverrechnung (IBL) nach dem Anbauverfahren (Blockumlageverfahren) vorzunehmen. Die Leistungsabgabe der allgemeinen Kostenstellen an andere Kostenstellen ist der folgenden Tabelle zu entnehmen:

| Leistungsinanspruchnahme durch die Kostenstellen | Leistungsabgabe der allg. Kostenstellen | |
|---|---|---|
| | Stromstelle | Reparaturstelle |
| Stromstelle | | 350 Stunden |
| Reparaturstelle | 15 000 kWh | |
| Materialstelle | 30 000 kWh | 850 Stunden |
| Fertigungsstelle | 55 000 kWh | 275 Stunden |
| Verwaltung | 5 000 kWh | 25 Stunden |
| Vertrieb | 10 000 kWh | 50 Stunden |
| Summe | 115 000 kWh | 1550 Stunden |

Die Gemeinkostenzuschlagssätze und die Selbstkosten sind unter der Annahme zu ermitteln, dass die Materialeinzelkosten 150 000,00 EUR und die Fertigungseinzelkosten 39 000,00 EUR betragen!

Bewerten Sie anschließend dieses Verfahren zur Durchführung der IBL kritisch.

### Aufgabe 37

Folgende Kostenarten sind mithilfe des Betriebsabrechnungsbogens zu verteilen. Gemeinkosten (mit Kontenklassen):

- 41 Hilfs- und Betriebsstoffe 2500,00 EUR;
- 439 Gehälter 8000,00 EUR;
- 432 Hilfslöhne 1800,00 EUR;
- 48 Kalkulatorische Abschreibungen auf Anlagen 4000,00 EUR;
- 47 Kalkulatorische Miete 1200,00 EUR;
- 476 Allgemeine Verwaltungskosten 400,00 EUR.

Kostenstellen im Unternehmen: I. Allgemeine Hilfskostenstelle; II. Materialbereich; III. Fertigungsbereich; IV. Verwaltungsbereich; V. Vertriebsbereich

Schlüsselgrößen für Primärkostenverteilung:

- 41: 1 : 1 : 1 : 1 : 1;
- 439: 1 : 2 : 8 : 4 : 1;
- 432: 800,00 EUR, 500,00 EUR, 500,00 EUR, 0,00 EUR, 0,00 EUR;
- 48: 5000,00 EUR, 20 000,00 EUR, 5000,00 EUR, 5000,00 EUR, 5000,00 EUR (als Buchwerte der Anlagen; kalk. Abschreibungen 10 % vom jeweiligen Restwert);
- 47: 10 : 30 : 50 : 20 : 10 (qm-Angabe);
- 476: 0 : 0 : 0 : 3 : 1.

Schlüssel für Sekundärkostenverteilung der Hilfskostenstelle: 1 : 1 : 1 : 1

Ermitteln Sie die Kosten der Endstellenkosten.

## Aufgabe 38

Errechnen Sie unter Verwendung folgender Angaben die innerbetrieblichen Verrechnungssätze nach dem Simultanverfahren (Gleichungsverfahren):

- Hilfskostenstelle 1 erzeugt 800 Leistungseinheiten bei 450,00 EUR primären Gemeinkosten;
- Hilfskostenstelle 2 erzeugt 1500 Leistungseinheiten bei 700,00 EUR primären Gemeinkosten;
- Hilfskostenstelle 1 gibt 800 Leistungseinheiten an Hilfskostenstelle 2 ab und erhält 750 Leistungseinheiten von 2.

## Aufgabe 39

Ein kleinerer Industriebetrieb weist zwei Hilfskostenstellen (Fuhrpark und Reparaturstelle) auf. Für den abgelaufenen Monat liegen die folgenden Angaben vor:

| | Fuhrpark | Reparaturstelle |
|---|---|---|
| Primäre Gemeinkosten: | 300 000,00 EUR | 200 000,00 EUR |
| Gesamtleistung: | 1 000 000 km | 10 000 Stunden |

Im Fuhrpark fielen 8000 Reparaturstunden an, die von der Reparaturstelle erbracht wurden, während für die Reparaturstelle 100 000 km vom Fuhrpark geleistet wurden.

a) Bestimmen Sie die Verrechnungssätze der beiden Hilfskostenstellen nach dem Stufenleiterverfahren. Warum sollten Sie hierbei die Reparaturstelle zuerst abrechnen?

b) Bestimmen Sie die Verrechnungssätze nach dem hier geeigneten Verfahren.

**Aufgabe 40**

Sie finden den unvollständigen BAB für den Monat November (alle Angaben in EUR) in der folgenden Form vor:

| Kostenart | Summe | Material-kostenstelle | Fertigungs-kostenstelle | Verwaltung und Vertrieb |
|---|---|---|---|---|
| Lohn-gemeinkosten | 760 000,00 | 30 000,00 | 430 000,00 | 300 000,00 |
| Versicherungs-beiträge | 25 000,00 | | | |
| Kalkulatorische Abschreibungen | ? | | | |
| Kalkulatorische Zinsen | ? | | | |
| Diverse Kosten | 70 000,00 | 5000,00 | 35 000,00 | 30 000,00 |
| Kalkulatorische Mieten | 120 000,00 | | | |
| Kalkulatorische Wagnisse | 50 000,00 | 0 | 0 | 50 000,00 |
| Summe | | | | |

Die Versicherungsbeiträge sind nach den in den Kostenstellen vorzufindenden Versicherungssummen zu verteilen. Diese betragen, in der o.a. Reihenfolge der Stellen (in EUR): 12 Mio./12 Mio./6 Mio.

Zur Bestimmung der kalkulatorischen Abschreibungen und Zinsen liegen folgende Angaben vor (in EUR):

| | Summe | Material-kostenstelle | Fertigungs-kostenstelle | Verwaltung und Vertrieb |
|---|---|---|---|---|
| Stichtags-werte des abnutzbaren Anlage-vermögens | 50 400 000,00 | 0,00 | 47 880 000,00 | 2 520 000,00 |
| Betriebs-notwendiges Kapital | 43 200 000,00 | 4 320 000,00 | 36 720 000,00 | 2 160 000,00 |

Der kalkulatorische Zinssatz beträgt 10 %. Der auf die Stichtagswerte zu beziehende Abschreibungssatz beträgt 20 %. Die kalkulatorischen Mieten sind nach den qm der Kostenstellen (40/110/50) zu verteilen.

a) Ermitteln Sie die gesamten Gemeinkosten der Kostenstellen.

b) Die Materialeinzelkosten beliefen sich auf 1 500 000,00 EUR und die Fertigungseinzelkosten auf 1 750 000,00 EUR. Bestimmen Sie die Gemeinkosten-Zuschlagssätze für die drei Kostenstellen.

### Aufgabe 41

In einem Unternehmen sind im abgelaufenen Monat folgende Gemeinkosten auf den Kostenstellen angefallen (in EUR):

| | |
|---|---|
| Allgemeine Hilfskostenstelle (Stromerzeugung): | 4000,00 |
| Fertigungshilfskostenstelle: | 5000,00 |
| Materialstelle: | 26 500,00 |
| Fertigungsstelle: | 80 000,00 |
| Verwaltung: | 10 000,00 |
| Vertrieb: | 20 000,00 |

Zudem fielen Kosten für Rohstoffe (Fertigungsmaterial) in Höhe von 100 000,00 EUR und Fertigungslöhne in Höhe von 50 000,00 EUR an. Die allgemeine Hilfskostenstelle erbrachte 50 000,00 EUR Leistungseinheiten insgesamt. Diese verteilen sich im Verhältnis 3 : 2 : 30 : 10 : 5 auf die anderen Kostenstellen.

Führen Sie die Kostenstellenumlage durch und bestimmen Sie die Gemeinkostenzuschläge.

## 2.1.3 Kostenträgerrechnung in der Vollkostenrechnung

### Aufgabe 42

a) Worum handelt es sich bei Kostenträgern?

b) Beschreiben Sie den Unterschied zwischen der Kostenträgerstückrechnung und der Kostenträgerzeitrechnung.

**Aufgabe 43**

Welches Kalkulationsverfahren passt zu folgenden Fertigungsverfahren:

a) Massenfertigung,

b) Einzelfertigung,

c) Sortenfertigung,

d) Kuppelfertigung?

**Aufgabe 44**

Die Torkel GmbH stellt Schnaps her. Für den besonders ungesunden und grässlich schmeckenden Schnapstyp „Russentröpfchen“ fielen in der letzten Abrechnungsperiode nachstehende Kosten an:

| | | |
|---|---|---|
| Materialbereich: | 4500 kg Rohstoffe für 40,00 EUR/kg | |
| | 240 m³ Wasser für 3,00 EUR/m³ | |
| | 120 000 Flaschen für 0,25 EUR/Flasche | |
| Fertigungsbereich: | Mischerei | 73 000,00 EUR |
| | Abfüllanlage | 25 280,00 EUR |
| | Sonstige | 42 000,00 EUR |
| | Reinigung | 36 000,00 EUR |
| Verwaltung/Vertrieb: | | 120 000,00 EUR |

Von den produzierten 129 000 Flaschen wurden 80 000 Stück verkauft. Ermitteln Sie unter Anwendung der mehrstufigen Divisionskalkulation die Selbstkosten je verkaufter Flasche!

**Aufgabe 45**

Die Materialkosten eines Produkts betragen 25,00 EUR. Die Produktion wird in zwei Stufen durchgeführt

- Produktionsstufe 1: 800 Stück Halbfabrikate; Fertigungskosten 16 000,00 EUR.
- Produktionsstufe 2: Weiterverarbeitung von 1000 Stück Halbfabrikaten zu Fertigfabrikaten; Fertigungskosten 3000,00 EUR

Verwaltung und Vertrieb: Absatz 400 Stück; Verwaltungs- und Vertriebskosten 2400,00 EUR.

Berechnen Sie

a) die Selbstkosten je Stück,

b) die Herstellkosten je Halbfabrikat und je Fertigfabrikat,

c) den Wert der Lagerbestandsveränderung der Halbfertigfabrikate und der Fertigfabrikate.

## Aufgabe 46

Dier Winzer Kurt Nägler/Rüdesheim a. R. stellt seinen Rotwein „Rosarot" in einem mehrstufigen Produktionsprozess her. Für das abgelaufene Jahr liegen die folgen Daten vor: gekelterte Menge 10 000 Liter; eingelagerte Menge 10 000 Liter (Mengenverlust bei Lagerung 5 % der gekelterten Menge); abgefüllte Menge 6000 Liter; Lagerkosten 40 000,00 EUR; Kosten der Abfüllung 180 000,00 EUR; Gesamtkosten 400 000,00 EUR.

a) Welche Kosten entstehen dem Nägler für einen Liter seines Rotweins auf Basis einer dreistufigen Divisionskalkulation?

b) Mit welchen Kosten pro Liter ist, bei sonst unveränderten Daten, für das nächste Jahr zu rechnen, wenn aufgrund der ungünstigen Wetterlage mit einem Ernteeinbruch um 20 % zu rechnen ist?

## Aufgabe 47

Eine Ziegelei fertigt drei verschiedene Sorten. Bei Gesamtkosten in Höhe von 400 000,00 EUR wurden im vergangenen Monat 500 000 Bauziegel, 1 Mio. Klinker und 400 000 Dachziegel produziert. Die Bauziegel sind je Stück ca. 20 % günstiger als die Klinker, während die Dachziegel rund 50 % teurer sind als die Klinker. Wie hoch sind die Stückkosten der drei Sorten?

### Aufgabe 48

Ein Walzwerk stellt in einer bestimmten Periode Bleche folgender Stärken her:

- 300 t der Stärke 2,50 mm,
- 600 t der Stärke 1,25 mm,
- 700 t der Stärke 1,00 mm,
- 400 t der Stärke 0,50 mm,
- 500 t der Stärke 0,40 mm.

Insgesamt fielen hierfür Kosten in Höhe von 879 000,00 EUR an. Da Bleche geringerer Stärken öfter gewalzt werden müssen und dadurch höhere Kosten verursachen als die stärkeren Blechsorten, steigen (sinken) die Fertigungskosten der Tendenz nach mit abnehmender (zunehmender) Blechstärke. Diese Grundtendenz des Kostenverhaltens schlägt jedoch nur bei Blechsorten unter 1 mm Stärke durch. Bei Blechen über 1 mm Stärke wird sie durch zunehmende Ausschusskosten überkompensiert, so dass sich im Vergleich zu der Blechsorte von 1 mm Stärke für die gleiche Menge Bleche mit 2,5 mm Stärke sogar um 10 % höhere Kosten und für Bleche mit 1,25 mm Stärke um 5 % höhere Herstellkosten ergeben. Die Fertigungskosten für die gleiche Menge Bleche mit 0,5 mm bzw. 0,4 mm Stärke liegen um 30 % bzw. 50 % über denen der 1 mm starken Blechsorte.

Berechnen Sie für jede Sorte die Selbstkosten je Tonne.

### Aufgabe 49

Ein findiger Unternehmer fertigt drei Sorten von Atemschutzmasken bei Gesamtkosten von 11 300,00 EUR für den Europäischen Markt. Berechnen Sie die Herstellkosten und Selbstkosten pro Maske von jeder Sorte aufgrund der Angaben der folgenden Tabellen.

| Maske | Produktionsmengen | Äquivalenzziffern der Produktion |
|---|---:|---:|
| Alibi | 2000 | 0,8 |
| Chic | 6000 | 1,0 |
| Effektiv | 10 000 | 1,5 |

Produktion und Absatz stimmen bei allen drei Sorten nicht überein. In den Gesamtkosten sind 2260,00 EUR Vertriebs- und Verwaltungskosten enthalten.

| Maske | Absatzmengen | Äquivalenzziffern des Vertriebs |
|---|---|---|
| Alibi | 3500 | 0,4 |
| Chic | 2000 | 0,8 |
| Effektiv | 8300 | 1,0 |

## Aufgabe 50

Welche Kalkulationsform schlagen Sie in den folgenden Situationen vor? Begründen Sie Ihre Antworten.

a) Ein Unternehmen mit straffer Abteilungsgliederung widmet sich dem Personen- und Objektschutz. Die Angebotspalette reicht von der Begleitung von Geldtransporten und Personen (durch hierfür hochqualifizierte Spezialisten) bis zur Bewachung großer Gebäudekomplexe mit mehreren Mitarbeitern (häufig Studenten, u.a. in deren Semesterferien). Den privaten und gewerblichen Kunden gegenüber erfolgt die Abrechnung auf Stundenbasis, die Mitarbeiter führen Zeitaufzeichnungen.

b) Ein kleineres Gebäude-Reinigungsunternehmen beschäftigt 10 Mitarbeiter als Teilzeitkräfte. Alle erhalten den gleichen Stundensatz und führen identische Tätigkeiten aus, sollen daher auch den Kunden gegenüber einheitlich abgerechnet werden.

c) Ein Spediteur liefert mit Kleinbussen und einem Teil seines Mitarbeiterstamms (jene mit „schlankem" Oberarm) Damenkonfektion und mit Lastkraftwagen und dem anderen Teil seines Personals (mit „starkem" Oberarm) Möbel aus. Ehemals stellte er fest, dass bei nahezu gleichen Kostenrelationen (Material-/Personal- und sonstige Kosten) der beiden Leistungsarten die Kosten je Leistungseinheit der Möbellieferung um etwa 25 % höher sind als die Kosten der Konfektionslieferung.

## Aufgabe 51

Ein Unternehmen soll für die Spezialanfertigung einer Druckmaschine, die auf den Maschinengruppen A und B gefertigt wird, einen Kostenvoranschlag erstellen. Folgende Informationen stehen zur Verfügung:

| | Maschinengruppe A | Maschinengruppe B |
|---|---|---|
| Bearbeitungszeit | 80 Std. | 110 Std. |
| Fertigungslöhne | 21,00 EUR/Std. | 16,00 EUR/Std. |
| Maschinenstundensatz | 210,00 EUR | 84,00 EUR |
| Zuschlag für Rest-Fertigungs-GK | 150 % auf Fertigungslöhne | 180 % auf Fertigungslöhne |

Die Kosten für das Fertigungsmaterial belaufen sich auf 32 000,00 EUR; darauf ist noch der Gemeinkostenzuschlag in Höhe von 8 % zu kalkulieren. Ferner fallen 25 332,00 EUR an Sondereinzelkosten der Fertigung an. Verwaltungs- und Vertriebsgemeinkosten sind zusammen mit einem Zuschlagssatz von 6,5 % auf die Herstellkosten (ohne Sondereinzelkosten) zu erfassen. Erstellen Sie das Kalkulationsschema und ermitteln Sie die Selbstkosten der Druckmaschine!

## Aufgabe 52

Ein Unternehmen fertigt u. a. zwei Produkte, Alpha und Beta. Beide Materialarten laufen durch beide Materialkostenstellen. Bestimmen Sie die Herstellkosten und die Gesamtkosten je Stück für beide Produkte.

Die Belastung der Fertigungsstellen für eine Produkteinheit beträgt für Produkt A (B) in der Fertigungsstelle 1: 30 Minuten (90 Minuten), in der Fertigungsstelle 2: 60 Minuten (180 Minuten) und in der Fertigungsstelle 3: 10 Meter (15 Meter).

| Einzelkosten | Alpha (EUR/Einheit) | Beta (EUR/Einheit) |
|---|---|---|
| Materialart 1: | 40,00 | 50,00 |
| Materialart 2: | 30,00 | 80,00 |
| Fertigungseinzelkosten (Stelle 1): | 20,00 | 25,00 |
| Fertigungseinzelkosten (Stelle 2): | 10,00 | 32,00 |
| Fertigungseinzelkosten (Stelle 3): | 15,00 | 22,00 |
| Sondereinzelkosten der Fertigung: | 3,00 | 4,00 |
| Sondereinzelkosten des Vertriebs: | 16,00 | 20,00 |

| Gemeinkosten | Bezugsgröße | Gemeinkosten-Verrechnungssatz |
|---|---|---|
| Materialstelle 1 | Materialeinzelkosten | 2 % |
| Materialstelle 2 | Materialeinzelkosten | 4 % |
| Fertigungsstelle 1 | Maschinenstunden | 80,00 EUR/Stunde |
| Fertigungsstelle 2 | Akkordstunde | 30,00 EUR/Stunde |
| Fertigungsstelle 3 | Meter | 4,00 EUR/Meter |
| Verwaltungsstelle 1 | Herstellkosten | 1,0 % |
| Verwaltungsstelle 2 | Herstellkosten | 0,5 % |
| Vertriebsstelle 1 | Herstellkosten | 1,5 % |
| Vertriebsstelle 2 | Herstellkosten | 1,0 % |

### Aufgabe 53

Auf der Grundlage der nachfolgenden Informationen (in EUR) sind die Herstellkosten und die Selbstkosten der Produkte Kurz und Bündig zu kalkulieren.

| BAB für Monat ... | | | | | |
|---|---|---|---|---|---|
| | Fertigung 1 | Fertigung 2 | Material | Verwaltung | Vertrieb |
| Gehälter | 12 000,00 | 14 000,00 | 3000,00 | 14 475,00 | 10 400,00 |
| Hilfslöhne | 3000,00 | 2000,00 | 1500,00 | 0,00 | 1200,00 |
| Hilfs- und Betriebs- stoffe | 4000,00 | 4500,00 | 500,00 | 800,00 | 600,00 |
| Energie | 2000,00 | 2500,00 | 1000,00 | 1200,00 | 2200,00 |
| Sonstige Gemein- kosten | 114 000,00 | 112 000,00 | 6000,00 | 7000,00 | 4380,00 |
| Summe | 135 000,00 | 135 000,00 | 12 000,00 | 23 475,00 | 18 780,00 |

Die Materialeinzelkosten der Periode betrugen 30 000,00 EUR, die Lohneinzelkosten der Fertigungsstelle 1 67 500,00 EUR, jene der Fertigungsstelle 2 90 000,00 EUR. Für die Herstellung der Produkte A und B wurden folgende Einzelkosten (in EUR) aufgewendet:

| | Material | Lohn (Stelle 1) | Lohn (Stelle 2) |
|---|---|---|---|
| Produkt Kurz | 6000,00 | 13 000,00 | 7000,00 |
| Produkt Bündig | 9000,00 | 12 000,00 | 9000,00 |

### Aufgabe 54

In einer Maschinenfabrik geht ein größerer Auftrag ein. Im Vorfeld der Angebotsunterbreitung sind die Maschinenstundensätze der beiden benötigten Anlagen zu bestimmen. Das Unternehmen schreibt ausschließlich linear ab. Die kalkulatorischen Zinsen werden mit 8 % angesetzt (Besonderheit aufgrund einer Marotte des schrulligen kaufmännischen Geschäftsführers: Die Bestimmung der durchschnittlichen Kapitalbindung erfolgt in der Unternehmung ohne die Berücksichtigung des Restwertes). Die Stromkosten betragen 0,16 EUR/kWh.

Es liegen folgende Informationen zu Ihrer Bestimmung der Maschinenstundensätze vor:

| | Maschine 1 | Maschine 2 |
|---|---|---|
| Anschaffungswert (EUR) | 247 500,00 | 483 000,00 |
| Wiederbeschaffungswert (EUR) | 290 000,00 | 580 000,00 |
| Restwert (EUR) | 30 000,00 | 50 000,00 |
| Nutzungsdauer | 6 Jahre | 10 Jahre |
| Maschinenlaufzeit/Jahr | 1800 Stunden | 1680 Stunden |
| Energieaufnahme/Stunde | 50 kWh | 70 kWh |
| Jährliche Instandhaltung (EUR) | 7650,00 | 5880,00 |
| Stand- und Arbeitsfläche | 24 qm | 30 qm |
| Raumkosten/qm je Jahr | 22,50 | 22,50 |
| Kosten für Betriebsstoffe/Jahr (EUR) | 1440,00 | 1515,00 |

### Aufgabe 55

In einem Kuppelproduktionsprozess entstehen drei gleichwertige Kuppelprodukte „Blind“, „Taub“ und „Stumm“. Kalkulieren Sie die Herstellkosten der Produkte unter Anwendung des Tragfähigkeitsprinzips bei Gesamtkosten des Produktionsprozesses von 91 500,00 EUR.

| Produkt | Produktionsmenge | Marktpreis |
|---|---|---|
| Blind | 8000 kg | 3,00 EUR/kg |
| Taub | 3000 kg | 5,00 EUR/kg |
| Stumm | 12 000 kg | 12,00 EUR/kg |

### Aufgabe 56

In einem Kuppelproduktionsprozess entstehen drei absatzfähige Kuppelprodukte A, B und C. Die Produkte A und B sind Nebenprodukte. Kalkulieren Sie die Herstellkosten/Stück des Hauptprodukts bei Gesamtkosten des Prozesses von 200 000,00 EUR.

| Produkt | Produktionsmenge | Marktpreis |
|---|---|---|
| A | 10 000 kg | 5,00 EUR/kg |
| B | 5000 kg | 12,00 EUR/kg |
| C | 20 000 kg | 20,00 EUR/kg |

### Aufgabe 57

Arbeiten Sie die Vor- und Nachteile des Gesamtkosten- und Umsatzkostenverfahrens heraus.

### Aufgabe 58

Ein Hersteller von Regenschirmen produzierte im abgelaufen Monat 1000 Schirme, von denen er 900 Stück zum Verkaufspreis von je 20,00 EUR verkaufte. Die im Monat angefallenen Kosten beliefen sich insgesamt auf 10 000,00 EUR.

a) Errechnen Sie das Betriebsergebnis auf Basis des Gesamtkostenverfahrens.

b) Errechnen Sie das Betriebsergebnis auf Basis des Umsatzkostenverfahrens.

### Aufgabe 59

Die Lurchi GmbH stellt Mädchen- und Bubenschuhe her. Für die vergangene Periode soll eine Betriebsergebnisrechnung erstellt werden. Nachfolgend die relevanten Daten:

- Selbstkosten der abgesetzten Bubenschuhe: 600,00 EUR
- Lohnkosten: 500,00 EUR
- Erlöse für Bubenschuhe: 700,00 EUR
- Bestandserhöhung fertige Schuhe: 150,00 EUR
- Materialkosten: 950,00 EUR
- Bestandsabnahme unfertige Schuhe: 200,00 EUR
- Selbstkosten der abgesetzten Mädchenschuhe: 1600,00 EUR
- Erlöse für Mädchenschuhe: 2000,00 EUR
- Sonstige Kostenarten: 700,00 EUR

a) Errechnen Sie das Betriebsergebnis nach dem Gesamtkostenverfahren.

b) Errechnen Sie das Betriebsergebnis nach dem Umsatzkostenverfahren.

**Aufgabe 60**

Der Tierfreund Thomas Liebkuh betreibt eine gut laufende Molkerei. Für die letzte Abrechnungsperiode stehen ihm folgende Daten zur Verfügung:

| | | |
|---|---|---|
| Umsatzerlöse | | 1000 TEUR |
| Personalkosten | | 400 TEUR |
| davon Produktion | 300 TEUR | |
| davon Verwaltung | 100 TEUR | |
| Materialkosten | | 300 TEUR |
| davon Produktion | 250 TEUR | |
| davon Verwaltung | 50 TEUR | |
| Bestandserhöhung an fertigen Erzeugnissen | | 100 TEUR |

Erstellen Sie anhand der obigen Angaben die Betriebsergebnisrechnung nach

a) dem Gesamtkostenverfahren und

b) dem Umsatzkostenverfahren!

## 2.2 Lösungen

**Lösung zu Aufgabe 23**

Die Kostenartenrechnung ist die erste Stufe der Kostenrechnung, hier erfolgt die Erfassung und Gliederung sämtlicher innerhalb einer Abrechnungsperiode (Monat) angefallenen Kostenarten, welche für die Erstellung und Verwertung der betrieblichen Leistungen entstanden sind. Datenlieferant für die Kostenartenrechnung ist die Finanzbuchführung. Im Rahmen der Einführung einer Kosten- und Leistungsrechnung in einem Unternehmen besteht die erste Aufgabe i. d. R. darin, das Erfassungssystem der Aufwendungen und Erträge (Kontenplan) des Finanzbuchhalters mit ihm gemeinsam zu überarbeiten, damit dieses System auch den Ansprüchen der Kostenrechnung genügt. Bei der Kostenartenrechnung handelt es sich folglich nicht um eine besondere Art von Rechnungen, sondern lediglich um die geordnete Erfassung der Kosten. Der Hauptzweck ist, Kostendaten an die Kostenstellen- und Kostenträgerrechnung zu liefern.

### Lösung zu Aufgabe 24

Mögliche Kriterien zur Systematisierung der Kostenarten:

- Gliederung nach Art der verbrauchten Produktionsfaktoren (Prozessgliederungsprinzip);
- Gliederung nach Art der betrieblichen Funktionsbereiche;
- Gliederung nach Art der betrieblichen Verwendungszwecke;
- Gliederung nach Kostenträgern;
- Gliederung nach Verhalten bei Beschäftigungsschwankungen;
- Gliederung nach Art der Verrechnung;
- Gliederung nach Art der Herkunft der Kosten;
- Gliederung nach der Wertkomponente der Kosten;
- Gliederung nach dem Zeitbezug der Kosten.

### Lösung zu Aufgabe 25

a) Rohstoffe bilden die Grundsubstanz der zu produzierenden Erzeugnisse, d. h., sie gehen als wesentliche Bestandteile in das Produkt ein, z. B. Holz bei der Möbelproduktion. Hilfsstoffe dienen ebenfalls der Produktion, gehen jedoch nur als unwesentliche Bestandteile in das herzustellende Erzeugnis ein, z. B. Schrauben, Nägel oder Leim bei der Möbelproduktion. Betriebsstoffe sind ebenfalls Verbrauchsgüter, sie gehen nicht in das Produkt ein, sind aber zu dessen Fertigung erforderlich, z. B. Schmiermittel für die Maschinen.

b) Die Erfassung der Materialkosten erfolgt in zwei Schritten: die verbrauchten Einsatzmengen und die entsprechenden Preise dieser Mengen werden grundsätzlich getrennt voneinander ermittelt. Durch Multiplikation der Menge mit dem Preis resultieren die Kosten als bewerteter Güterverzehr.

c) Festwertmethode, Inventurmetode, Skontrationsmetode und retrograde Methode. Im Falle der Festwertmethode wird der gesamte Mengenzugang einer Periode als Verbrauch gewertet. Die Methode ist einfach in der Umsetzung, unterstellt aber, dass tatsächlich alle Zugänge sogleich verbraucht werden, ist dies nicht der Fall, führt die Methode regelmäßig zu großen Verwirrungen. Bei der Inventurmethode wird die verbrauchte Menge über den Ansatz „Anfangsbestand + Zugänge – Endbestand“ ermittelt. Die Methode erklärt folglich die gesamte nicht mehr im Endbestand vorhandene Menge als verbraucht, beispielsweise auch den Schwund (durch Diebstahl, Verdunstung etc.). Ein Nachteil der Methode ist sicherlich, dass sie unterjährige Inventuren benötigt. Die Summe aller Lagerentnahmen (festgehalten im IT-System, auf Karteikarten, o. ä.) gilt bei der Skontrationsmethode als Verbrauch. Entnahmen, welche sich später in Ausschussteilen befinden oder auch solche, die dem Aufbau von „Handlagern“ in der Fertigung dienen, gelten somit auch als verbraucht. Im Falle der retrograden Methode, auch Rückrechnung genannt, erfolgt die Bestimmung durch Multiplikation der hergestellten Produkte (z. B. 100 Pkw) mit dem Verbrauch je Produkt (z. B. 5 Reifen) gemäß Stückliste oder Rezept. Bei der Beurteilung aller Methoden ist daran zu denken, dass Exaktheit und Fairness gegenüber dem Kunden einerseits und die betriebswirtschaftliche Notwendigkeit der Kostendeckung andererseits sich polar gegenüberstehen.

d) Die Bewertung der verbrauchten Menge kann mit Wiederbeschaffungspreisen oder mit historischen Anschaffungskosten erfolgen. Bei letzterem Ansatz sind Durchschnittsmethoden (periodisch oder gleitend) oder aber Verbrauchsfolgefiktionen (insbesondere FiFo oder LiFo) Alternativen zur Bewertung.

### Lösung zu Aufgabe 26

Der Verbrauch beträgt:

- nach der Inventurmethode 580 kg,
- nach der Skontrationsmethode 550 kg und
- nach der retrograden Methode 564 kg.

Zum Unterschied zwischen den ersten beiden Methoden: 580 kg – 550 kg = 30 kg. Ursachen können Diebstahl oder Schwund sein.

Zum Unterschied zwischen der Skontrationsmethode und der retrograden Methode: 550 kg – 564 kg = –14 kg. Ursachen könnten sein: Fehlbuchungen; es lagen Werkstoffe noch in einem Zwischenlager, die zwar bereits per Materialentnahmeschein abgeholt, aber noch nicht eingebaut wurden; die Stückliste ist fehlerhaft und/oder in das fertige Produkt ist zu wenig Material eingebaut.

### Lösung zu Aufgabe 27

a) Periodisches Durchschnittspreisverfahren:

| | |
|---|---|
| Anfangsbestand (200 Stück × 5,00 EUR) | 1000,00 EUR |
| + Zugang I (300 Stück × 2,00 EUR) | 600,00 EUR |
| + Zugang II (300 Stück × 2,00 EUR) | 600,00 EUR |
| + Zugang III (200 Stück × 4,00 EUR) | 800,00 EUR |
| = Endbestand | 3000,00 EUR |
| 3000,00 EUR / 1000 Stück = 3,00 EUR / Stück | |
| Bewerteter Abgang gesamt (Materialkosten) = 300,00 EUR × 3 = 900,00 EUR | |

b) Gleitendes Durchschnittspreisverfahren

| | |
|---|---|
| Anfangsbestand (200 Stück × 5,00 EUR) | 1000,00 EUR |
| + Zugang I (300 Stück × 2,00 EUR) | 600,00 EUR |
| = Bestand vor erstem Abgang 500 Stück zu 1600,00 EUR,<br>somit 1600,00 EUR / 500 Stück = 3,20 EUR / Stück | |
| - Abgang I (200 Stück × 3,20 EUR) | 640,00 EUR |
| = Restbestand (300 Stück × 3,20 EUR) | 960,00 EUR |
| + Zugang II (300 Stück × 2,00 EUR) | 600,00 EUR |
| = Bestand vor zweitem Abgang 600 Stück zu 1560,00 EUR,<br>somit 1560,00 EUR / 600 Stück = 2,60 EUR / Stück | |
| - Abgang II (100 Stück × 2,60 EUR) | 260,00 EUR |
| = Restbestand (500 Stück × 2,60 EUR) | 1300,00 EUR |
| + Zugang III (200 Stück × 4,00 EUR) | 800,00 EUR |
| = Endbestand (700 Stück) | 2100,00 EUR |
| Bewerteter Abgang gesamt (Materialkosten)<br>= 640,00 EUR + 260,00 EUR = 900,00 EUR | |

Die Materialkosten stimmen bei den beiden Methoden zufällig überein, dies ist regelmäßig nicht der Fall.

### Lösung zu Aufgabe 28

Die Summe aller anfallenden Kosten, die mit der Beschäftigung von Arbeitnehmern im Betrieb verursacht werden, bezeichnet man als Personalkosten (Löhne, Gehälter, Personalzusatzkosten, sonstige Personalkosten). Nicht hierzu zählen beispielsweise die Zahlungen an Mitarbeiter ohne festen Arbeitsvertrag (z. B. externe Berater). Personalkosten sind in geringerem Umfang Einzelkosten, z. B. Fertigungslöhne. Der größere Teil stellt Gemeinkosten dar, z. B. Hilfslöhne und Gehälter sowie Personalzusatzkosten.

### Lösung zu Aufgabe 29

Die Abschreibungen je Jahr (1./2./3./4./5. Jahr) betragen in EUR:

a) lineare Abschreibung: 102 000,00/102 000,00/102 000,00/102 000,00/102 000,00/102 000,00

b) geometrisch-degressive Abschreibung: 237 060,00/132 990,66/74 607,76/41 854,95/23 480,63

c) arithmetisch-degressive Abschreibung: 170 000,00/136 000,00/102 000,00/68 000,00/34 000,00

d) leistungsabhängige Abschreibung: 50 000,00/80 000,00/110 000,00/120 000,00/150 000,00

### Lösung zu Aufgabe 30

Alle Aussagen sind richtig.

### Lösung zu Aufgabe 31

Der Ausgangswert belief sich auf 40 960,00 EUR/0,84 = 100 000,00 EUR.

### Lösung zu Aufgabe 32

Die Behauptung d) ist korrekt, die übrigen sind falsch.

### Lösung zu Aufgabe 33

Das handelsrechtliche Ergebnis (Ertrag minus Aufwand) beträgt 91 400,00 EUR.

Das Betriebsergebnis ist wie folgt zu bestimmen: Grundkosten (107 200,00 EUR) plus kalkulatorische Miete (42 000,00 EUR) plus kalkulatorischer Unternehmerlohn (48 000,00 EUR) plus kalkulatorische Zinsen (500,00 EUR) = Kosten (197 700,00 EUR), Leistungen minus Kosten ergeben einen Gewinn von 900,00 EUR.

### Lösung zu Aufgabe 34

a) Kostenstellen sind funktional, organisatorisch oder nach anderen Kriterien voneinander abgegrenzte Teilbereiche eines Betriebes. Sie sind die Orte der Kostenentstehung und somit Orte der Kostenzurechnung.

b) Eine Kostenstelle sollte einen selbstständigen Bereich, möglichst sogar eine räumliche Einheit, darstellen.

c) Der Einkauf oder der Wareneingang sind Beispiele für Materialkostenstellen, je nach Fertigungstyp sind die Schreinerei oder Lackiererei Beispiele für Fertigungskostenstellen. Verwaltungskostenstellen sind u. a. die Geschäftsführung, das Rechnungswesen oder Marketing, Vertriebskostenstellen sind z. B. die Verkaufsniederlassungen oder die Vertriebssteuerung.

d) Hauptkostenstellen sind dadurch charakterisiert, dass sie Leistungen erbringen, die unmittelbar der Realisierung der Sachziele dienen. Sie verteilen die Kosten nicht auf andere Kostenstellen, sondern geben sie direkt an die Kostenträger weiter. Hilfskostenstellen (wie Reparaturwerkstatt, Stromversorgung, Gebäudereinigung etc.) dagegen werden nicht direkt auf die Kostenträger, sondern erst auf andere Kostenstellen umgelegt. Sie tragen nur mittelbar zur Realisierung der Sachziele bei.

e) Eindeutigkeit und Überschneidungsfreiheit (auf jede Kostenstelle müssen sich die Kostenbelege eindeutig und gleichzeitig überschneidungsfrei kontieren lassen). Identität Kostenstelle und Verantwortungsbereich (die Kostenstelle muss ein selbstständiger Verantwortungsbereich sein, um eine wirksame Kostenkontrolle zu ermöglichen). Genaue Maßstäbe als Bezugsgrößen (für jede Kostenstelle müssen sich möglichst genaue Maßstäbe der Kostenverursachung finden lassen). Wirtschaftlichkeit (die Anzahl der Kostenstellen darf nicht zu groß und nicht zu klein sein).

f) Nebenkostenstellen sind zwar direkt an der Erstellung der Leistungen beteiligt, jedoch handelt es sich bei diesen Erzeugnissen um Produkte, die nicht zum eigentlichen Produktionsprogramm der Unternehmung zählen, z. B. Abfälle.

g) Bezugsgrößen dienen zur Beurteilung der Kostenverursachung und letztendlich der Wirtschaftlichkeit in einer Kostenstelle. Ferner dienen sie zur Planung und Kontrolle der Gemeinkosten und werden benötigt, um die Gemeinkosten auf die Kostenträger umzulegen. Die in der Kostenstelle verursachten Kosten sollten sich möglichst proportional zur gewählten Bezugsgröße verhalten. Im Fertigungsbereich sind es zum Beispiel die Fertigungslöhne oder die Maschinenstunden, die als Bezugsgröße dienen könnten.

h) Verteilung der primären Gemeinkosten auf die Kostenstellen; Verteilung der sekundären Gemeinkosten (Kosten der Hilfskostenstellen) auf die Hauptkostenstellen (innerbetriebliche Leistungsverrechnung); Bildung von Kalkulationssätzen für jede Kostenstelle bei Anwendung der Zuschlagskalkulation und Kosten- und Wirtschaftlichkeitskontrolle u. a. durch Kennzahlenbildung.

## Lösung zu Aufgabe 35

| Behauptungen | Richtig | Falsch |
|---|---|---|
| das Stufenleiterverfahren | ✗ | |
| das Durchschnittsverfahren | | ✗ |
| das grafische Verfahren | | ✗ |
| das Anbauverfahren | ✗ | |
| das Mittelwertverfahren | | ✗ |
| das Gleichungsverfahren | ✗ | |

**Lösung zu Aufgabe 36**

Stromstundenverrechnungspreis: Primäre GK der Stromstelle/Leistung der Stromstelle an Hauptkostenstellen = 10 000,00 EUR/100 000 kWh = 0,10 EUR/kWh

Reparaturstundenverrechnungspreis: Primäre GK der Reparaturstelle/ Leistung der Reparaturstelle an Hauptkostenstellen = 24 000,00 EUR/1200 h = 20,00 EUR/h

Im Rahmen der Verrechnung der Kosten der Hilfskostenstellen auf Hauptkostenstellen werden die insgesamt 34 000,00 EUR auf die Hauptkostenstellen unter Verwendung o. g. Verrechnungspreise zugeordnet. Damit ergeben sich auf den Hauptkostenstellen folgende Gemeinkosten:

- Materialkostenstelle: 50 000,00 EUR, davon 20 000,00 EUR sekundäre Gemeinkosten
- Fertigungskostenstelle: 61 000,00 EUR, davon 11 000,00 EUR sekundäre Gemeinkosten
- Verwaltungskostenstelle: 21 000,00 EUR, davon 1000,00 EUR sekundäre Gemeinkosten
- Vertriebskostenstelle: 17 000,00 EUR, davon 2000,00 EUR sekundäre Gemeinkosten

Die Zuschlagssätze errechnen sich wie folgt:

| Bezeichnung | EUR/Periode | Zuschläge |
|---|---|---|
| Materialeinzelkosten | 150 000,00 | |
| Materialgemeinkosten | 50 000,00 | 30 % |
| Fertigungseinzelkosten | 39 000,00 | |
| Fertigungsgemeinkosten | 61 000,00 | 156,41 % |
| Herstellkosten | 300 000,00 | |
| Verwaltungsgemeinkosten | 21 000,00 | 7 % |
| Vertriebsgemeinkosten | 17 000,00 | 5,67 % |
| Selbstkosten | 338 000,00 | |

Da die gegenseitigen Leistungserbringungen der Hilfskostenstellen vollständig ignoriert werden, führt das Verfahren i. d. R. zu einer deutlich fehlerhaften Verteilung der sekundären Gemeinkosten und damit zu falschen Zuschlagssätzen. Das grundsätzliche Ziel der IBL, der Zurechnung aller Gemeinkosten der Hilfskostenstellen auf Hauptkostenstellen, wird jedoch erreicht und das Verfahren ist einfach durchzuführen.

### Lösung zu Aufgabe 37

Die primären Gemeinkosten der Stellen betragen (in EUR);

- Allgemeine Hilfskostenstelle: 2400,00 (500,00/500,00/800,00/500,00/100,00)
- Material: 4300,00 (500,00/1000,00/500,00/2000,00/300,00)
- Fertigung: 6000,00 (500,00/4000,00/500,00/500,00/500,00)
- Verwaltung: 3500,00 (500,00/2000,00/500,00/200,00/300,00)
- Vertrieb: 1700,00 (500,00/500,00/500,00/100,00/100,00)

Die IBL führt anschließend zu folgenden Kosten der Hauptkostenstellen (in EUR):

- Material: 4900,00
- Fertigung: 6600,00
- Verwaltung: 4100,00
- Vertrieb: 2300,00

### Lösung zu Aufgabe 38

| | |
|---|---|
| 1 | 800 q1 = 450,00 EUR + 750 q2 |
| 2 | 1500 q2 = 700,00 EUR + 800q1 |
| | |
| 1a | 450,00 EUR = 800 q1 - 750 q2 |
| 2a | 700,00 EUR – 800 q1 + 1500 q2 |
| | |
| 1b (1a × 2) | 900,00 EUR = 1600 q1 - 1.500 q2 |
| 2a | 700,00 EUR = -800 q1 + 1500 q2 |
| | |
| 1b + 2a | 1600,00 EUR = 800 q1 |
| q1 | 2,00 EUR/LE |
| eingesetzt in 1a: | 450,00 EUR = 1600,00 EUR- 750 q2 |
| q2 | = 1,53 EUR/LE |

### Lösung zu Aufgabe 39

a) Die Reparaturstelle sollte deswegen zuerst umgelegt werden, um den mit dem Entfall von einer der beiden gegenseitigen Leistungserbringungen einhergehenden Fehler möglichst klein zu halten. Die Reparaturstelle gibt 80% ihrer Leistung an den Fuhrpark ab, dieser jedoch lediglich 10% seiner Leistung an die Reparaturstelle. Die sich damit ergebenden Verrechnungssätze lauten:

- Reparaturstelle: 200 000,00 EUR/10 000 = 20,00 EUR/Stunde
- Fuhrpark: (300 000,00 EUR + 8000,00 EUR × 20,00 EUR)/900 000 = 0,51 EUR/km

b) Da sich die Hilfskostenstellen gegenseitig Leistungen erbringen, führt nur das Gleichungsverfahren zu den richtigen Verrechnungssätzen von 25,00 EUR/Stunde und 0,50 EUR/km

## Lösung zu Aufgabe 40

a) Zunächst sollten die gesamten kalkulatorischen Abschreibungen und Zinsen ermittelt werden. Der Abschreibungssatz von 20 % ist hierbei auf den Stichtagswert des abnutzbaren Anlagevermögens zu beziehen und anschließend durch 12 zu teilen (Monatswert), hieraus resultieren gesamte Monatsabschreibungen von 840 000,00 EUR. Die kalkulatorischen Jahreszinsen resultieren durch Multiplikation des Zinssatzes mit dem angegeben betriebsnotwendigen Kapital. Die für den Monat zu berücksichtigenden Zinsen belaufen sich auf 360 000,00 EUR. Somit resultieren gesamte Gemeinkosten in Höhe von 2 225 000,00 EUR. Auf Basis gleicher Rechnung sind die Abschreibungen und Zinsen der drei Stellen zu ermitteln. Nachdem die Versicherungsbeiträge und Mieten nach den einzig sinnvollen Schlüsseln auf die Stellen verteilt wurden, resultieren folgende Gemeinkosten der Stellen:
   - Material: 105 000,00 EUR,
   - Fertigung: 1 645 000,00 EUR,
   - Verwaltung/Vertrieb: 475 000,00 EUR.

b) Angesichts der angegebenen Einzelkosten ergeben sich folgende Zuschlagssätze:
   - Material: 7 %
   - Fertigung: 94 %
   - Verwaltung/Vertrieb: 9,5 %

## Lösung zu Aufgabe 41

Zweckmäßigerweise sollte mit der Umlage der allgemeinen Hilfskostenstelle begonnen werden, erhält sie doch keine Leistungen von einer anderen Stelle, gibt solche aber an die Fertigungshilfskostenstelle ab. Der Umfang der Leistungsabgabe der allgemeinen Hilfskostenstelle ist irrelevant, ist doch ein Schlüssel zur Verteilung ihrer Kosten angegeben. Nach deren Umlage sind die primären und sekundären Gemeinkosten der Fertigungshilfskostenstelle auf die einzige Fertigungshauptkostenstelle umzulegen. Die dadurch auf den vier Hauptkostenstellen resultierenden Gemeinkosten sind mittels genannter Einzelkosten und der zu bestimmenden Herstellkosten in Zuschlagssätze zu transformieren. Diese betragen 26,67 % (Material), 175,28 % (Fertigung), 4,09 % (Verwaltung) und 7,72 % (Vertrieb).

### Lösung zu Aufgabe 42

a) Kostenträger sind alle betrieblichen Leistungen, die den Verzehr an Produktionsfaktoren ausgelöst haben und somit die verursachten Kosten tragen sollen. Dazu zählen die fertigen und unfertigen Erzeugnisse, die erteilten Aufträge und auch die selbst erstellten Anlagen als aktivierbare innerbetriebliche Leistungen.

b) Nach dem „Welche?“ der Kostenartenrechnung und dem „Wo?“ der Kostenstellenrechnung lautet die Frage „Wofür?“ in der Kostenträgerrechnung – wofür sind die Kosten angefallen? Während die Kostenträgerstückrechnung (Kalkulation) die Frage im Hinblick auf einzelne Leistungseinheiten beantwortet, beantwortet die Kostenträgerzeitrechnung (KER, Betriebsergebnisrechnung) die Frage hinsichtlich einzelner Perioden (i. d. R. Monate). Die Kostenträgerstückrechnung ermittelt den Kostenanteil des einzelnen Kostenträgers an den Gesamtkosten. Mithilfe bestimmter Kalkulationsverfahren werden die Herstell- und Selbstkosten je betrieblicher Erzeugniseinheit ermittelt. Die Kostenträgerzeitrechnung erfasst alle Kostenarten einer bestimmten Periode (z. B. Monat) und stellt sie den entsprechenden Leistungen im gleichen Zeitintervall gegenüber. Damit wird eine Analyse des Erfolges bzw. des Betriebsergebnisses ermöglicht.

### Lösung zu Aufgabe 43

a) Divisionskalkulation

b) Zuschlagskalkulation

c) Äquivalenzziffernrechnung

d) Kuppelkalkulation

## Lösung zu Aufgabe 44

Materialkosten: 210 720,00 EUR

+ Fertigungskosten: 176 280,00 EUR

= Herstellkosten: 387 000,00 EUR

Herstellkosten je Flasche = 387 000,00 EUR/129 000 Flaschen = 3,00 EUR

Verwaltungs- und Vertriebsgemeinkosten je Flasche = 120 000,00 EUR/ 80 000 Flaschen = 1,50 EUR

Somit ergeben sich als Selbstkosten je Flasche 4,50 EUR

## Lösung zu Aufgabe 45

a) 25,00 EUR + 20,00 EUR + 3,00 EUR + 6,00 EUR = 54,00 EUR/Stück

b) Je Halbfabrikat 45,00 EUR und je Fertigfabrikat 48,00 EUR

c) Bestandsminderung Halbfabrikate: 200 × 45,00 EUR = 9000,00 EUR

Bestandsmehrung Fertigfabrikate: 600 × 48,00 EUR = 28 800,00 EUR

## Lösung zu Aufgabe 46

a) Bei Gesamtkosten in Höhe von 400 000,00 EUR entfallen auf das Keltern 180 000,00 EUR, bei 10 000 Litern folglich 18,00 EUR/Liter. Auf der zweiten Stufe fallen Kosten in Höhe von (180 000,00 EUR + 40 000,00 EUR)/9500 Liter, also 23,16 EUR je Liter an. Inklusive der Kosten der letzten Stufe kostet der Liter Rotwein alsdann (23,16 EUR × 6000,00 EUR + 180 000,00 EUR =) 53,16 EUR/Liter. Der Nägler wird wohl auf seinem Rotwein sitzen bleiben.

b) In der ersten und zweiten Stufe verändern sich die Mengen, nur in der dritten Stufe kommen weiterhin 6000 Liter zum Ansatz. Somit ergeben sich nun Kosten für einen Liter Rosarot von 22,50 EUR → 28,95 EUR → 58,95 EUR/Liter.

### Lösung zu Aufgabe 47

Anzuwenden ist hier eine Äquivalenzziffernrechnung. Durch Multiplikation der Äquivalenzziffern (0,8/1/1,5) mit den Produktionsmengen ergibt sich die Summe der fiktiven Rechnungseinheiten von 2 000 000. Die Division der Gesamtkosten durch diese Summe führt zu den Stückkosten der Bezugssorte „Klinker" von 0,20 EUR, die anschließend zu ermittelnden Stückkosten der übrigen Sorten betragen 0,16 EUR für die Bau- und 0,30 EUR für die Dachziegel.

### Lösung zu Aufgabe 48

Die Äquivalenzziffern betragen je Tonne:

| Stärke | Äquivalenzziffer |
|---:|---:|
| 2,5 mm | 1,1 |
| 1,25 mm | 1,05 |
| 1 mm | 1 |
| 0,5 mm | 1,3 |
| 0,4 mm | 1,5 |

Somit resultiert eine Summe fiktiver Rechnungseinheiten von: 1,1 × 300 + 1,05 × 600 + 1 × 700 + 400 × 1,3 + 500 × 1,5 = 2930. Die Division der Gesamtkosten durch diese Summe ergibt die Kosten/Tonne für die 1 mm starken Bleche: 300,00 EUR. Damit betragen die Kosten je Tonne bei den 2,5 mm/1,25 mm/0,5 mm/0,4 mm starken Bleche: 330,00 EUR/315,00 EUR/390,00 EUR/450,00 EUR.

### Lösung zu Aufgabe 49

Die gesamten Herstellkosten belaufen sich auf 9040,00 EUR. Für den Fertigungsbereich ergeben sich für die Bezugssorte Chic Herstellkosten von 9040,00 EUR/22 600 = 0,40 EUR/Stück, somit je Stück Alibi von 0,32 EUR und von Effektiv von 0,60 EUR. Für die Verteilung der Verwaltungs- und Vertriebskosten dient die Maske Effektiv als Bezugssorte. Diese Kosten je Stück lauten bei Alibi auf 0,08 EUR, bei Chic auf 0,16 EUR und bei Effektiv auf 0,2 EUR. Die Selbstkosten/Stück betragen: 0,4 EUR (Alibi), 0,56 EUR (Chic) und 0,80 EUR (Effektiv).

### Lösung zu Aufgabe 50

a) Aufgrund der Heterogenität des Leistungsangebots sollte eine Zuschlagskalkulation zur Anwendung kommen.

b) Da es offensichtlich nur eine Produktart gibt, sollte die Divisionskalkulation verwendet werden.

c) Es handelt sich um eine begrenzte Anzahl unterschiedlicher, jedoch sehr ähnlicher Leistungen – ein Fall für die Äquivalenzziffernrechnung.

### Lösung zu Aufgabe 51

| | | EUR | EUR |
|---|---|---|---|
| | Fertigungsmaterial | 32 000,00 | |
| + | Materialgemeinkosten (8 %) | 2560,00 | |
| = | Materialkosten | | 34 560,00 |
| | Fertigungslöhne (21,00 EUR/Std. × 80 Std.) | 1680,00 | |
| + | Rest-Fertigungs-GK (150 %) | 2520,00 | |
| + | maschinenabhängige FGK (210,00 EUR × 80 Std.) | 16 800,00 | |
| = | Fertigungskosten Maschinengruppe A | | 21 000,00 |
| | Fertigungslöhne (16,00 EUR/Std. × 110 Std.) | 1760,00 | |
| + | Rest-Fertigungs-GK (180 %) | 3168,00 | |
| + | maschinenabhängige FGK (84,00 EUR × 110 Std.) | 9240,00 | |
| = | Fertigungskosten Maschinengruppe B | | 14 168,00 |
| + | Sondereinzelkosten der Fertigung | | 25 332,00 |
| = | Herstellkosten | | 95 060,00 |
| + | Verw. + Vertr.-GK (6,5 % auf HK von 69 728,00 EUR) | | 4532,32 |
| = | Selbstkosten | | 99 592,32 |

### Lösung zu Aufgabe 52

Beide Materialarten laufen durch beide Materialkostenstellen, daher können, bei gleicher Basis, die Materialgemeinkosten als einheitlicher Zuschlagssatz verrechnet werden.

| | Alpha (in EUR) | Beta (in EUR) |
|---|---:|---:|
| Materialart 1 | 40,00 | 50,00 |
| Materialart 2 | 30,00 | 80,00 |
| Materialgemeinkosten (6 %) | 4,20 | 7,80 |
| Fertigungseinzelkosten (Stelle 1) | 20,00 | 25,00 |
| Fertigungsgemeinkosten 1 | 40,00 | 120,00 |
| Fertigungseinzelkosten (Stelle 2) | 10,00 | 32,00 |
| Fertigungsgemeinkosten 2 | 30,00 | 90,00 |
| Fertigungseinzelkosten (Stelle 3) | 15,00 | 22,00 |
| Fertigungsgemeinkosten 3 | 40,00 | 60,00 |
| Sondereinzelkosten der Fertigung | 3,00 | 4,00 |
| = Herstellkosten | 232,20 | 490,80 |
| Verwaltungsgemeinkosten (1,5 %) | 3,48 | 7,36 |
| Vertriebsgemeinkosten (2,5 %) | 5,81 | 12,27 |
| Sondereinzelkosten | 16,00 | 20,00 |
| = Selbstkosten | 257,49 | 530,43 |

### Lösung zu Aufgabe 53

Zunächst sind die Gemeinkostenzuschlagssätze der fünf Hauptkostenstellen zu ermitteln. Diese betragen:

- für die Fertigungsstelle 1: 200 %,
- für die Fertigungsstelle 2: 150 %,
- für die Materialkostenstelle: 40 %,
- für die Verwaltung: 5 % (bei Herstellkosten von 469 500,00 EUR),
- für den Vertrieb: 4 %.

Anschließend können unter Verwendung der angegebenen Einzelkosten, sowie dieser Gemeinkostenzuschlagssätze, die Kosten der beiden Produkte ermittelt werden:

| Produkt | Kurz (in EUR) | Bündig (in EUR) |
|---|---|---|
| Materialeinzelkosten | 6000,00 | 9000,00 |
| Materialgemeinkosten | 2400,00 | 3600,00 |
| Fertigungseinzelkosten 1 | 13 000,00 | 12 000,00 |
| Fertigungsgemeinkosten 1 | 26 000,00 | 24 000,00 |
| Fertigungseinzelkosten 2 | 7000,00 | 9000,00 |
| Fertigungsgemeinkosten 2 | 10 500,00 | 13 500,00 |
| = Herstellkosten | 64 900,00 | 71 100,00 |
| Verwaltungsgemeinkosten | 3245,00 | 3555,00 |
| Vertriebsgemeinkosten | 2596,00 | 2844,00 |
| = Selbstkosten | 70 741,00 | 77 499,00 |

**Lösung zu Aufgabe 54**

Nachfolgend werden die relevanten Kosten je Std. bestimmt und diese dann addiert.

| | Maschine 1 (in EUR) | Maschine 2 (in EUR) |
|---|---|---|
| Kalk. Abschreibung/Std. | 24,07 | 31,55 |
| Kalk. Zinsen/Std. | 5,50 | 11,50 |
| Energiekosten/Std. | 8,00 | 11,20 |
| Instandhaltungskosten/Std. | 4,25 | 3,50 |
| Raumkosten/Std. | 0,30 | 0,40 |
| Betriebsstoffkosten/Std. | 0,80 | 0,90 |
| Maschinenstundensatz | 42,92 | 59,05 |

### Lösung zu Aufgabe 55

Die Kosten sind nach den Marktpreisen (als Äquivalenzziffern der Tragfähigkeit) zu verteilen. Nach der einstufigen Äquivalenzziffernkalkulation erhält man für die Produkte:

| Produkte | Produktions-menge in kg | Marktpreis in EUR/kg | Umsätze in EUR |
|---|---|---|---|
| Taub | 8000 | 3,00 | 24 000,00 |
| Blind | 3000 | 5,00 | 15 000,00 |
| Stumm | 12 000 | 12,00 | 144 000,00 |
| Summe | | | 183 000,00 |

91 500,00 EUR/183 000,00 EUR = 0,50 EUR an Herstellkosten je 1,00 EUR Marktwert

| Produkte | HK je EUR Marktwert | Marktpreis in EUR/kg | Stückkosten in EUR/kg |
|---|---|---|---|
| Blind | 0,50 | 3,00 | 1,50 |
| Taub | 0,50 | 5,00 | 2,50 |
| Stumm | 0,50 | 12,00 | 6,00 |

### Lösung zu Aufgabe 56

| | | |
|---|---|---|
| Gesamtkosten des Kuppelprozesses: | | 200 000,00 EUR |
| Erlöse der Nebenprodukte | Produkt A: | 50 000,00 EUR |
| | Produkt B: | 60 000,00 EUR |
| = Herstellkosten des Hauptproduktes C | | 90 000,00 EUR |

Die Produktionsmenge von Produkt C beträgt 20 000 kg, somit ergeben sich als Kosten je C 4,50 EUR/kg.

## Lösung zu Aufgabe 57

Das Gesamtkostenverfahren (GKV) hat den Vorteil der buchhalterischen Einfachheit. Das Umsatzkostenverfahren (UKV) baut dagegen eine Brücke von der Finanzbuchhaltung zur Betriebsbuchhaltung.

Der Kostenrechner will im Rahmen der Betriebsergebnisrechnung wissen, welche Erzeugnisse mit Gewinn, welche mit Verlust produziert und abgesetzt werden. Diese Informationen erhält er, wenn er die Umsatzerlöse jedes Produktes ihren jeweiligen Selbstkosten gegenüberstellt. Zu dieser Art der Erfolgskontrolle leistet das UKV gute Dienste.

Das GKV ist zur Erfolgskontrolle dagegen nicht gut geeignet, weil es die Kosten nicht produktspezifisch, sondern nach Kostenarten wie Personalkosten, Materialeinsatz etc. gliedert. Beim UKV ist eine Kostenstellenrechnung stets und beim GKV nur, wenn eine Bestandsveränderung auftritt, erforderlich. Ein weiterer Aspekt, der für das UKV spricht, ist die Tatsache, dass beim GKV eine regelmäßige Inventur unvermeidbar ist. Eine Inventur ist beim UKV monatlich nicht zwingend notwendig.

## Lösung zu Aufgabe 58

a) Im Falle des Gesamtkostenverfahrens werden die Periodenkosten von der Gesamtleistung subtrahiert, um das Betriebsergebnis zu erhalten. Zur Gesamtleistung zählen die verkauften Einheiten (bewertet zu Verkaufspreisen) und die hergestellten und nicht verkauften Einheiten (bewertet zu Herstellkosten). Die Gesamtleistung beträgt hier 18 000,00 EUR plus 100 × 10,00 EUR und damit 19 000,00 EUR. Nach Abzug der Gesamtkosten ergibt sich ein Betriebsergebnis von 9000,00 EUR.

b) Beim Umsatzkostenverfahren ist nur der erzielte Umsatz Output-seitig zu berücksichtigen, folglich 18 000,00 EUR. Subtrahiert hiervon werden die Selbstkosten des Umsatzes (= anteilige Herstellkosten plus 100 % der Verwaltungs- und Vertriebskosten). In diesem einfachen Beispiel führt der Ansatz der auf die Umsatzleistung entfallenden Kosten in Höhe von (900 × 10,00 EUR =) 9000,00 EUR zum gleichen Betriebsergebnis von 9000,00 EUR. Auf einer Rechnungsebene (Voll-/Teilkostenrechnung) verbleibend, sind die Resultate stets gleich.

**Lösung zu Aufgabe 59**

a)

| | |
|---|---|
| Umsatz: | 2700,00 EUR |
| plus Bestandserhöhung: | 150,00 EUR |
| minus Bestandsverringerung: | 200,00 EUR |
| = Gesamtleistung: | 2650,00 EUR |
| minus Gesamtkosten: | 2150,00 EUR<br>(500,00 EUR + 950,00 EUR + 700,00 EUR) |
| = Betriebsergebnis: | 500,00 EUR |

| | |
|---|---|
| Umsatz: | 2700,00 EUR |
| minus Selbstkosten<br>des Umsatzes: | 2200,00 EUR<br>(600,00 EUR + 1600,00 EUR) |
| = Betriebsergebnis: | 500,00 EUR |

**Lösung zu Aufgabe 60**

a)

| | |
|---|---|
| Umsatzerlöse | 1 000 000,00 EUR |
| Bestandsveränderung | + 100 000,00 EUR |
| Gesamtleistung | 1 100 000,00 EUR |
| Materialkosten | 250 000,00 EUR |
| Personalkosten | 400 000,00 EUR |
| Sonst. betr. Kosten | 50 000,00 EUR |
| Gesamtkosten | 700 000,00 EUR |
| Betriebserfolg | 400 000,00 EUR |

b)

| | |
|---|---|
| Umsatzerlöse | 1 000 000,00 EUR |
| Herstellkosten des Umsatzes | 450 000,00 EUR |
| Verwaltungskosten | 150 000,00 EUR |
| Betriebserfolg | 400 000,00 EUR |

(Herstellkosten des Umsatzes = 300 000,00 EUR + 250 000,00 EUR – 100 000,00 EUR)

# 3 Teilkostenrechnung

## 3.1 Aufgaben

### 3.1.1 Systeme der Teilkostenrechnung

**Aufgabe 61**

a) Skizzieren Sie die Vollkosten- und Teilkostenrechnung.

b) Nennen Sie mögliche Ursachen für die in den letzten Jahrzehnten stark angestiegenen Fixkosten der Unternehmen.

c) Was versteht man unter „Direct Costing"?

d) Welche Konsequenzen ergeben sich aus einem negativen Deckungsbeitrag?

e) Welche Gründe gibt es, ein Produkt mit negativem Deckungsbeitrag uneingeschränkt weiter zu produzieren?

f) Was ist unter einer Preisuntergrenze zu verstehen?

g) Erläutern Sie in groben Zügen die „Relative Einzelkostenrechnung".

**Aufgabe 62**

Ein Betrieb produziert bei ausreichenden Produktionskapazitäten drei Erzeugnisse. Am Ende einer Abrechnungsperiode liefert die Kosten- und Leistungsrechnung die folgenden Informationen:

| Produkt | Menge | Vollkosten (EUR) | Umsatz (EUR) | Gewinn (EUR) |
|---|---|---|---|---|
| Anna | 500 Stück | 2000,00 | 2500,00 | 500,00 |
| Linda | 300 Stück | 1500,00 | 1800,00 | 300,00 |
| Alex | 500 Stück | 3000,00 | 2800,00 | -200,00 |
| Summe | | 6500,00 | 7100,00 | 600,00 |

Aufgrund dieser Information entschließt man sich dazu, das Produkt „Alex" aus dem Produktions- und Absatzprogramm zu streichen und stattdessen zu versuchen, den Absatz der beiden anderen Produkte zu steigern. Erwartet wird ein höherer Absatz von je 200 ME bei einem Betriebsgewinn von insgesamt 1200,00 EUR.

Am Ende der folgenden Abrechnung hat die Unternehmung zwar den erwarteten Absatz erzielt, aber mit einem Verlust von 400,00 EUR abgeschlossen:

| Produkt | Menge | Vollkosten (EUR) | Umsatz (EUR) | Gewinn (EUR) |
|---|---|---|---|---|
| Anna | 700 Stück | 2600,00 | 3500,00 | 900,00 |
| Linda | 500 Stück | 2300,00 | 3000,00 | 700,00 |
| Alex | 0 Stück | 2000,00 | 0,00 | -2000,00 |
| Summe | | 6900,00 | 6500,00 | -400,00 |

Erläutern Sie das Zustandekommen dieses „überraschenden" Ergebnisses.

## 3.1.2 Kostenspaltung in der Deckungsbeitragsrechnung

**Aufgabe 63**

Die klassische Abfolge von Kostenarten-, -stellen-, -trägerrechnung kann auch zur Darlegung der Deckungsbeitragsrechnung genutzt werden. Wenn zuvor ausführlich die Vollkostenrechnung beschrieben wurde, muss dann nur noch auf die Besonderheiten der Deckungsbeitragsrechnung in den drei Schritten eingegangen werden. Die Besonderheit dieser Rechnung ist die notwendige Aufteilung der Einzel- und Gemeinkosten in fixe und variable Kosten im Rahmen der sog. „Kostenspaltung“. Einzelkosten sind hierbei i. d. R. stets variable Kosten, Gemeinkosten aber sind i. d. R. im geringeren Umfang variable und zum größeren Teil fixe Kosten. Somit ergeben sich die variablen Kosten als Summe aus den Einzelkosten und den variablen Gemeinkosten. Die Kostenspaltung muss im Rahmen der Kostenartenrechnung erfolgen.

a) Nennen und beurteilen Sie die Ihnen bekannten Verfahren zur Kostenspaltung.

b) Für das abgelaufene Jahr liegen für die Kostenart „Energie“ in einer Kostenstelle folgende Daten vor:

| Monat | Beschäftigung in Stunden | Kosten in EUR |
|---|---|---|
| Januar | 2700 | 16 000,00 |
| Februar | 2500 | 15 000,00 |
| März | 1300 | 9000,00 |
| April | 1900 | 10 000,00 |
| Mai | 500 | 4000,00 |
| Juni | 1100 | 7000,00 |
| Juli | 2600 | 13 500,00 |
| August | 2000 | 19 000,00 |
| September | 2100 | 12 500,00 |
| Oktober | 1500 | 8500,00 |
| November | 3500 | 19 000,00 |
| Dezember | 2300 | 12 000,00 |

Im Monat Mai konnte wegen Instandsetzungsarbeiten nur an wenigen Tagen, und im Monat November musste ausnahmsweise dreischichtig gearbeitet werden, um einen eiligen Auftrag zu erledigen. Die normale Arbeitsweise ist zweischichtig. Im Monat August sind die Istkosten infolge eines Kontierungsfehlers besonders hoch gewesen.

Ermitteln Sie die Höhe der fixen und variablen Kosten mithilfe der Regressionsrechnung.

c) Werksstudent Heinz Oppitz soll mithilfe der einfachen mathematischen Kostenspaltung eine Kostenauflösung vornehmen. Aus dem großen Datenbestand für das vergangene Jahr hat er willkürlich folgende Werte ausgewählt:

| Monat | Kosten in EUR/Monat | Beschäftigung in Stück |
|---|---|---|
| Juni | 12 000,00 | 1600 |
| Dezember | 10 000,00 | 2000 |

Zu welchen variablen Kosten gelangt Oppitz? Interpretieren Sie die Ergebnisse!

### 3.1.3 Kostenstellenrechnung in der Deckungsbeitragsrechnung

#### Aufgabe 64

Hinsichtlich der Kostenstellenrechnung in der Deckungsbeitragsrechnung ist zunächst anzumerken, dass der BAB je Kostenstelle mehr als eine Spalte aufweist. Neben der Angabe der variablen Gemeinkosten der Stelle erfolgt auch die Angabe der fixen Gemeinkosten. Im Vergleich zur vollkostenrechnerischen Kostenstellenrechnung gelten hier folgende Unterschiede:

- Gegenstand der IBL sind ausschließlich die variablen Gemeinkosten der Hilfskostenstellen, d. h. sie sind nach Durchführung der IBL nicht vollständig „geräumt".
- In die Gemeinkostenzuschlagssätze gehen ausschließlich die variablen Gemeinkosten (primäre und sekundäre) der Hauptkostenstellen ein, es handelt sich folglich um variable Gemeinkostenzuschlagssätze.

Nun könnte argumentiert werden, dass die Zuordnung fixer Gemeinkosten auf die Kostenstelle doch aus Vereinfachungsgründen unterbleiben könnte, doch ist daran zu denken, dass die Wirtschaftlichkeitsanalyse auch eine Aufgabe der Kostenstellenrechnung ist.

Für den vergangenen Monat liegen die im folgenden BAB angegebenen Werte (in TEUR) vor.

Die variablen Kosten der allgemeinen Hilfskostenstelle sind auf die ihre Leistung empfangenden Hauptkostenstellen im Verhältnis 6,5 zu 66,0 zu 27,5 in der Reihenfolge ihrer Anordnung umzulegen. Dabei stellen diese sekundären Gemeinkosten für die Hauptkostenstellen in unterschiedlichem Ausmaß variable und fixe Kosten dar: Materialkostenstelle (6/13 fix und 7/13 variabel), Fertigungskostenstelle (1/11 fix und 10/11 variabel), Verwaltungskostenstelle (47/55 fix und 8/55) variabel.

Bestimmen Sie die variablen Gemeinkostenzuschlagssätze.

| Kostenstelle | Gesamtkosten | Allgemeine Hilfskostenstelle | | Materialkostenstelle | | Fertigungskostenstelle | | Verwaltungskostenstelle | |
|---|---|---|---|---|---|---|---|---|---|
| Kostenarten | | Kf | Kv | Kf | Kv | Kf | Kv | Kf | Kv |
| Primäre Gemeinkosten | 800 | 31 | 20 | 85 | 22 | 272 | 17 | 328 | 25 |
| Umlage | | | | | | | | | |
| Primäre und sekundäre Gemeinkosten | | | | | | | | | |
| Bezugsbasen: | | | | | | | | | |
| -Materialeinzelkosten | | | | | 200 | | | | |
| -Fertigungseinzelkosten | | | | | | | 400 | | |
| -Variable Herstellkosten | | | | | | | | | ? |
| Proportionale Zuschlagssätze | | | | | | | | | |

## Aufgabe 65

Ein Unternehmen weist zum abgelaufenen Monat folgende Kostensituation auf:

- Materialeinzelkosten: 240 000,00 EUR
- Fertigungseinzelkosten: 120 000,00 EUR
- Sondereinzelkosten des Vertriebs: 7800,00 EUR

| BAB (in TEUR) | Material | | | Fertigung | | | Verwaltung | | | Vertrieb | | |
|---|---|---|---|---|---|---|---|---|---|---|---|---|
| | fix | var. | Σ | fix | var. | Σ | fix | var. | Σ | fix | var. | Σ |
| Σ GK | 25 | 12 | 37 | 70 | 72 | 142 | 65 | 0 | 65 | 34 | 22,2 | 56,2 |

a) Bestimmen Sie für den Monat Mai die variablen Gesamtkosten und die variablen Gemeinkostenzuschlagssätze.

b) Ist Ihnen inhaltlich klar, warum nur die variablen Gemeinkosten in die Zuschlagssätze eingehen? Bitte begründen Sie Ihre Antwort.

**Aufgabe 66**

a) Errechnen Sie für folgende Angaben die variablen Verrechnungssätze nach dem Simultanverfahren:

   - Hilfskostenstelle 1 erzeugt 800 Leistungseinheiten bei 450,00 EUR an variablen Gemeinkosten;
   - Hilfskostenstelle 2 erzeugt 1500 Leistungseinheiten bei 700,00 EUR an variablen Gemeinkosten;
   - Hilfskostenstelle 1 gibt 800 Leistungseinheiten an Hilfskostenstelle 2 ab und erhält 750 Leistungseinheiten von 2.

- Ermitteln Sie nach dem Simultanverfahren die variablen Verrechnungssätze für folgende Angaben:
   - Die variablen Gemeinkosten von zwei Hilfskostenstellen betragen Hilfskostenstelle I: 5000,00 EUR und Hilfskostenstelle II: 3250,00 EUR.
   - Die Hilfskostenstelle I erbrachte 20 000 Leistungseinheiten, wovon 2500 Leistungseinheiten an die Hilfskostenstelle II abgegeben wurden. Die Hilfskostenstelle II erstellte 8000 Leistungseinheiten, von denen 2000 Einheiten an die Kostenstelle I geliefert wurden.

## 3.1.4 Kostenträgerrechnung in der Deckungsbeitragsrechnung

Der zentrale Unterschied der Kalkulationen der Deckungsbeitragsrechnung zu jenen der Vollkostenrechnung ist die ausschließliche Berücksichtigung der variablen Kosten (Einzelkosten und variable Gemeinkosten). Die Kalkulationsverfahren sind von der Divisionskalkulation bis hin zu den Verfahren der Koppelkalkulation identisch. Auch im Rahmen der Kostenträgerzeitrechnung ist der Unterschied, dass auf die einzelne Leistungseinheit ausschließlich variabel Kosten verrechnet werden. Da somit die hergestellten, jedoch nicht verkauften Einheiten lediglich zu variablen Herstellkosten bewertet werden, stimmen die Betriebsergebnisse nach Gesamt- und Umsatzkostenverfahren im Falle abweichender Produktions- und Absatzmengen mit den Ergebnissen einer Vollkostenrechnung nicht überein. (Es sei allerdings darauf hingewiesen, dass Erfolgsrechnungen auf Basis eines Teilkostenansatzes mit Inkrafttreten des Bilanzrechtsmodernisierungs-Gesetzes BilMoG selten geworden sind. Zwar hat dieses Gesetz direkten Einfluss nur auf das externe Rechnungswesen, wegen zweckmäßiger Harmonie mit dem internen Rechnungswesen ist ein solcher Teilkostenansatz kaum noch anzutreffen.)

### Aufgabe 67

Der gesamte Produktionsprozess eines Betriebs erstreckt sich über 3 Stufen. Im vergangenen Monat gelangten 5400 kg in die erste Produktionsstufe. Sie wurden dort mit gesamten variablen Kosten von 21 600,00 EUR bei fixen Kosten von 10 000,00 EUR bearbeitet. Die gleiche Menge ging in die nächste Stufe, dort fielen jedoch 400 kg Schwund an. Die variablen Bearbeitungskosten der zweiten Stufe beliefen sich auf 25 000,00 EUR, die fixen Kosten auf 5000,00 EUR. Von den 5000 kg gingen 1250 kg auf Lager, 3750 kg gelangten in die nächste Produktionsstufe. Dort wurden sie mit variablen Kosten von 35 000,00 EUR, bei fixen Kosten in Höhe von 8000,00 EUR zum Fertigerzeugnis weiterverarbeitet. Ermitteln Sie die variablen Herstellkosten für den Lageraufbau und das Fertigerzeugnis.

## Aufgabe 68

Folgende Information erhalten Sie zum Produktionsprozess der Sprite Ltd./Dallas, Texas zum abgelaufenen Monat Mai:

| | Empfangende Stelle: | | | | |
|---|---|---|---|---|---|
| Abgebende Stelle: | Kraftwerk | Reparatur | Fertigung 1 | Fertigung 2 | Fertigung 3 |
| Kraftwerk | 0 | 600 kWh | 1800 kWh | 7000 kWh | 0 |
| Reparatur | 30 Std. | 0 | 0 | 140 Std. | 0 |
| Fertigung 1 | 0 | 0 | 0 | 0 | 200 HF (A) |
| Fertigung 2 | 0 | 0 | 0 | 0 | 400 HF (B) |
| Fertigung 3 | 0 | 0 | 0 | 0 | 0 |

Fertigung 1 gibt 50 Halbfabrikate HF (A), die Fertigung 2 100 Halbfabrikate HF (B) an ein Zwischenlager ab. Die Fertigung 3 (Endmontage) fertigt 300 Fertigfabrikate. Die primären Einzel- (ohne Materialeinzel-) und variablen Gemeinkosten betragen:

- Kraftwerk: 16 000,00 USD
- Reparatur: 10 000,00 USD
- Fertigung 1: 8000,00 USD
- Fertigung 2: 12 000,00 USD
- Fertigung 3: 25 000,00 USD

Ermitteln Sie die variablen Selbstkosten des Fertigfabrikats, dessen Materialeinzelkosten 108,00 USD betragen. Die variablen Verwaltungs- und Vertriebskosten belaufen sich auf insgesamt 11 300,00 USD, allerdings konnten nur 80 % des Fertigfabrikats verkauft werden. Schließlich sind Sondereinzelkosten des Vertriebs von 110,00 USD/Stück zu berücksichtigen.

## Aufgabe 69

Nachfolgend erhalten Sie einen unvollständigen BAB eines Betriebs. Die IBL steht noch an und ist aufgrund der darunter aufgeführten Informationen durchzuführen.

| Angaben in TEUR | | Hilfsstelle 1 | | Hilfsstelle 2 | | Material | | Fertigung I | | Fertigung II | | Verwaltung | | Vertrieb | |
|---|---|---|---|---|---|---|---|---|---|---|---|---|---|---|---|
| Kosten | – | fix | var. | fix | var. | fix | var. | fix | var. | fix | var. | fix | var. | fix | var. |
| Einzelkosten: | | | | | | | | | | | | | | | |
| F.-Material | 118 | | | | | | 118 | | | | | | | | |
| F.-Löhne | | | | | | | | | 40 | | 50 | | | | |
| Gemeinkosten: | 270 | 16,8 | 11,2 | 11,4 | 3,6 | 19,7 | 10,7 | 39,1 | 8,9 | 66,4 | 14,2 | 39,2 | 4,8 | 23,2 | 0,8 |
| Umlage Hiko 1: | | | | | | | | | | | | | | | |
| Umlage Hiko 2: | | | | | | | | | | | | | | | |
| Primäre + sekundäre Kosten | | | | | | | | | | | | | | | |
| Bezugsbasis | | | | | | | | | | | | | | | |
| Zuschlagssatz | | | | | | | | | | | | | | | |
| | | | | | | | | | | | | | | | |

| Bezugsgröße | | Hilfsstelle 1 | | Hilfsstelle 2 | | Material | | Fertigung I | | Fertigung II | | Verwaltung | | Vertrieb | |
|---|---|---|---|---|---|---|---|---|---|---|---|---|---|---|---|
| | | fix | var. | fix | var. | fix | var. | fix | var. | fix | var. | fix | var. | fix | var. |
| Von Hiko 1 | Std. | 0 | 0 | 0 | 10 | 5 | 15 | 17,5 | 57,5 | 25 | 65 | 7,5 | 27,5 | 0 | 50 |
| Von Hiko 2 | $m^3$ | 0 | 0 | 0 | 0 | 100 | 200 | 50 | 400 | 220 | 480 | 10 | 40 | 20 | 80 |

Nachdem Sie die Zuschlagssätze für die Verrechnung der variablen Gemeinkosten bestimmt haben, ist die Kalkulation für das Produkt „Erwin“ vorzunehmen. Für „Erwin“ ist dabei von folgenden Einzelkosten auszugehen:

- Materialeinzelkosten: 1000,00 EUR
- Fertigungseinzelkosten in der Fertigungsstelle 1: 100,00 EUR
- Fertigungseinzelkosten in der Fertigungsstelle 2: 100,00 EUR

### Aufgabe 70

Die Ewig GmbH produziert ausschließlich das lebensverlängernde Mittel „Gandalf“. Für den letzten Monat sind folgende Daten bekannt:

| | |
|---|---|
| Umsatz | 585 000,00 EUR |
| Produzierte Menge | 9000 Päckchen |
| Abgesetzte Menge | 5500 Päckchen |
| Material- und Lohneinzelkosten | 170 000,00 EUR |
| Material- und Fertigungsgemeinkosten | 480 000,00 EUR |
| (davon variabel) | 280 000,00 EUR |
| Verwaltungs- und Vertriebskosten | 185 000,00 EUR |

Berechnen Sie den Betriebserfolg auf Teilkostenbasis des Monats nach

a) dem Gesamtkostenverfahren und

b) dem Umsatzkostenverfahren.

c) Wie hoch wäre das Ergebnis auf Basis einer Vollkostenrechnung?

## 3.1.5 Entscheidungsbezogene Kostenrechnung

### Aufgabe 71

Ein Pharmaunternehmen produzierte Mittelchen zur Rauchentwöhnung. Die sieben angebotenen Produkte des Herstellers sind in drei Produktionsbereiche unterteilt. Zum Bereich I zählt lediglich die Produktgruppe A (Nikotinkaugummis) mit den Erzeugnissen A1 (Pfefferminz), A2 (Frucht) und A3 (Pur), während der Bereich II die Produktgruppe B (Nikotindragees) mit den Erzeugnissen B1 (Pfefferminz) und B2 (Frucht) sowie die Produktgruppe C (Nikotinlutscher) umfasst. Der Bereich III produziert nur die Produktgruppe D (Kaugummi-Zigarren). Für die zentralen Abteilungen des Unternehmens fallen in der Periode Fixkosten in Höhe von 300 000,00 EUR an. Den einzelnen Erzeugnissen können folgende Produktfixkosten zugeordnet werden:

- A1: 100 000,00 EUR;
- A2: 80 000,00 EUR;
- A3: 40 000,00 EUR;
- B1: 80 000,00 EUR;
- B2: 210 000,00 EUR,
- C: 200 000,00 EUR und
- D: 140 000,00 EUR.

Der Vertrieb der Erzeugnisse A 1 bis A3 und der Vertrieb der Erzeugnisse B1 und B2 erfolgt jeweils durch eigenständige Vertriebsabteilungen, für welche Fixkosten von 750 000,00 EUR bzw. 200 000,00 EUR ermittelt wurden. Auf das Erzeugnis D entfallen Vertriebskosten von 320 000,00 EUR. Die Koordinierung der die Produktgruppen B und C betreffenden Entscheidungen im Bereich II führt zum Anfall von Fixkosten in Höhe von 250 000,00 EUR €.

Für die verschiedenen Erzeugnisse werden in der Periode folgende Nettoerlöse erzielt:

- A1: 1 100 000,00 EUR,
- A2: 800 000,00 EUR,
- A3: 700 000,00 EUR,
- B1: 500 000,00 EUR,
- B2: 400 000,00 EUR,
- C: 1 300 000,00 EUR,
- D: 800 000,00 EUR.

Als zurechenbare variable Kosten wurden für die verschiedenen Erzeugnisse folgende Werte festgestellt (alle Angaben in % der jeweiligen Nettoerlöse): A1 → 40,0 %; A2 → 37,5 %; A3 → 50,0 %, B1 → 60,0 %, B2 → 62,5 %, C → 50,0 % und D → 52,5 %

a) Erstellen Sie für dieses Unternehmen eine periodenbezogene Fixkostendeckungsrechnung und ermitteln Sie das Betriebsergebnis (BE).

b) Die Eliminierung welcher Elemente schlagen Sie zur Ergebnisverbesserung vor?

c) Von welchen Voraussetzungen gehen Sie bei Ihren Vorschlägen zu b) aus?

### Aufgabe 72

Die Tempo kg ist ein Unternehmen, das am Markt drei verschiedene Produkte anbietet und zu dem für den abgelaufenen Monat folgende Informationen vorliegen.

| Produkt | X | Y | Z |
|---|---|---|---|
| Stückzahl | 2000 | 1000 | 4000 |
| Verkaufspreis/Stück | 40,00 EUR | 30,00 EUR | 50,00 EUR |
| Variable Kosten/Stück | 18,00 EUR | 10,00 EUR | 15,00 EUR |

Die fixen Kosten in Höhe von monatlich 175 000,00 EUR werden mittels Durchschnittsprinzip auf die Produkte verteilt.

a) Erstellen Sie die produktbezogene Erfolgsrechnung des Vollkostenrechners und zeigen Sie auf, inwieweit diese Rechnung zu einer Fehlentscheidung verführt.

a) Erstellen Sie die Erfolgsrechnung des Teilkostenrechners.

### Aufgabe 73

Die BUF AG („BohrUndFlitz“) stellt vier Typen an Bohrmaschinen A - D her, für die folgende Fertigungszeiten ermittelt wurden:

- A: 0,2 Stunden je Stück
- B: 0,8 Stunden je Stück

- C: 0,2 Stunden je Stück
- D: 0,4 Stunden je Stück

Die gesamten Fixkosten der Abrechnungsperiode betragen 482 000,00 EUR. An weiteren Angaben liegen vor:

| Produkt | produzierte und abgesetzte Menge | Verkaufspreis in EUR je Stück | variable Kosten in EUR je Stück |
|---|---|---|---|
| A | 12 000 | 82,00 EUR | 57,00 EUR |
| B | 16 000 | 120,00 EUR | 106,00 EUR |
| C | 3120 | 78,00 EUR | 28,00 EUR |
| D | 6000 | 65,00 EUR | 43,00 EUR |

a) Ermitteln Sie den Betriebsgewinn der Periode nach der Deckungsbeitragsrechnung.

b) Bestimmen Sie die Rangfolge der Produktion für die vier Produkte, wenn kein Engpass vorliegt.

c) Bei welchem Preis liegt die jeweilige absolute (kurzfristige) Preisuntergrenze der vier Produkte?

d) Bestimmen Sie das optimale Produktionsprogramm unter Berücksichtigung der Tatsache, dass insgesamt in der Abrechnungsperiode 5000 Fertigungsstunden zur Verfügung stehen. Die Absatzmengen können aufgrund der Marktlage nicht gesteigert werden.

e) Das Unternehmen könnte einen Zusatzauftrag für eine weitere Bohrmaschine E erhalten. Folgende Daten sind bekannt:
   - Auftragsmenge: 2500 Stück
   - Verkaufspreis: 104,00 EUR/Stück
   - variable Stückkosten: 74,00 EUR/Stück
   - Fertigungszeit: 0,4 Stunden je Stück

f) Erklären Sie rechnerisch, weshalb dieser Auftrag unter Berücksichtigung des bestehenden Engpasses angenommen werden sollte und wie sich dadurch das optimale Produktionsprogramm verändert.

## Aufgabe 74

Ein Zweigwerk produziert zwei Produkte, P1 mit der Menge $x_1$ und P2 mit der Menge $x_2$. Beide Produkte werden durch den Einsatz von Stahlblechen gefertigt. Die vorgeschnittenen Bleche werden jeweils in drei aufeinanderfolgenden Betriebsabteilungen i = 1, 2 und 3 bearbeitet. Die für einen Planungsmonat verfügbaren Kapazitäten dieser Abteilungen betragen:

- in Abteilung 1 (b1) = 500 Std./Monat
- in Abteilung 2 (b2) = 1200 Std./Monat
- in Abteilung 3 (b3) = 950 Std./Monat

Zur Produktion eines P1 bzw. eines P2 werden im Einzelnen folgende Bearbeitungszeiten benötigt:

| | Abteilung 1 | Abteilung 2 | Abteilung 3 |
|---|---|---|---|
| P1 | 2 Std./Stück | 5 Std./Stück | 2 Std./Stück |
| P2 | 2 Std./Stück | 4 Std./Stück | 5 Std./Stück |

Die variablen Kostensätze für eine Werkstattstunde betragen:

- in Abteilung 1: 20,00 EUR/Std.
- in Abteilung 2: 50,00 EUR/Std.
- in Abteilung 3: 30,00 EUR/Std.

Die sonstigen variablen Kosten (Einsatzmaterial, Energie etc.) betragen:

- pro P1: 70,00 EUR/Stück
- pro P2: 80,00 EUR/Stück

Das Zweigwerk liefert die monatliche Produktion zu fest vorgegebenen Preisen von $p_1$ = 450,00 EUR pro P1 und $p_2$ = 560,00 EUR pro P2 an eine konzerneigene Vertriebsgesellschaft. Die Leiterin des Zweigwerks Helga Brumm ist von der Konzernleitung angewiesen worden, pro Monat an P1 maximal 200 Stück und an P2 maximal 180 Stück zu produzieren. Innerhalb dieses Rahmens soll sie, den technischen Möglichkeiten des Zweigwerks entsprechend, das Produktionsprogramm, bestehend aus P1 und P2, so zusammenstellen, dass sich für das Zweigwerk ein maximaler Deckungsbeitrag pro Monat ergibt.

a) Formulieren Sie das Gleichungssystem zur Ermittlung des optimalen Produktionssortiments.

b) Ermitteln Sie das optimale Produktionsprogramm nach der Simplex-Methode.

### Aufgabe 75

Die Firma Faul AG hat sich vor einiger Zeit auf die Herstellung des Haus-Roboters „Kuno“ spezialisiert. Kuno putzt, saugt, bügelt, erzählt anzügliche Witze (in mehreren Sprachen) und er spielt Skat. Im vergangenen Jahr 2028 stellte sie hiervon 450 Stück her, die sie zum Preis von jeweils 18 500,00 EUR absetzen konnte. Produziert wurden diese 450 Stück im Rahmen einer Werkstattfertigung mit einer Kapazität von 500 Einheiten. Insgesamt fielen im Jahr 2028 Kosten von 7,92 Mio. EUR an, die sich in Fixkosten von 2,43 Mio. EUR und variable Kosten von 5,49 Mio. EUR aufteilen lassen.

Die Gesamtmarktnachfrage im Bundesgebiet entwickelte sich in der Vergangenheit wie folgt:

- 2025: 845 Stück
- 2026: 929 Stück
- 2027: 1022 Stück
- 2028: 1125 Stück

Der Marktanteil (= Absatz/Gesamtmarktnachfrage) der Faul AG war in diesen Jahren relativ konstant. Sorge bereitet der Unternehmensleitung nun die in naher Zukunft erwartete, verstärkt aufkommende Konkurrenz. So kündigte ein renommiertes nordkoreanisches Unternehmen in einem Artikel einer Fachzeitschrift ein gleichwertiges Modell „Cute-like Kim“ für 17 000,00 EUR auf dem deutschen Markt für das nächste Jahr an. „Cute-like-Kim“ wird die gleichen Funktionen der klassischen Hausarbeitserledigungen aufweisen, ist allerdings zum Witzeerzählen und Skatspielen nicht in der Lage. Dafür winkt er erfreut auf Geheiß und lächelt dabei übertrieben. Bei weiterhin geltendem Verkaufspreis rechnet die Marketing-Abteilung daher für das nächste Jahr mit einem Absinken des Marktanteils um 20 % (nicht Prozentpunkte!).

Das Unternehmen produziert grundsätzlich nicht auf Lager (d. h. die Produktions- entspricht der Absatzmenge).

a) Wie groß musste 2028 die Absatzmenge mindestens sein, damit die Faul AG zumindest keinen Verlust (Gewinn = 0) realisiert hätte?

b) Erstellen Sie eine Prognose der voraussichtlichen wirtschaftlichen Situation für das Jahr 2029 (bei gleichem Verkaufspreis, Fixkosten und variablen Kosten/Stück).

c) Zur Verbesserung der wirtschaftlichen Situation in 2029 werden der Unternehmensleitung von verschiedenen Personen die folgenden Vorschläge unterbreitet, die jeweils isoliert voneinander zu beurteilen sind (es wird jeweils keine Lagerproduktion betrieben):

- Vorschlag 1 (vom Produktionsleiter, 64 Jahre alt, verheiratet, zwei Kinder, Dackelbesitzer, Volksmusik-Fan):

  Die Verschrottung überalterter Anlagen und damit einhergehende Kapazitätsreduzierung um 25 % würde die Fixkosten um 130 000,00 EUR und die variablen Kosten auf 11 500,00 EUR/Stück senken.

- Vorschlag 2 (vom Produktionsleiterassistenten, 33 Jahre alt, verheiratet, kinder- und haustierlos, Ex-Heavy-Metal-Fan, nun taub):

  Der Austausch der Altanlagen gegen moderne Maschinen würde die Kapazität auf 530 Stück erhöhen. Die variablen Kosten ließen sich hierdurch auf 10 100,00 EUR reduzieren, allerdings würden die Fixkosten auf 3 Mio. EUR ansteigen.

- Vorschlag 3 (vom Unternehmensberater, 24 Jahre alt, ledig, ein Kind, Katzenbesitzer, U2-Fan):

  Die Umstellung der Produktion auf Fließfertigung würde zu variablen Kosten von 8600 und Fixkosten von 3,6 Mio. führen. Die Kapazität ließe sich auf 600 Stück steigern.

- Vorschlag 4 (vom Controller, 51 Jahre alt, verheiratet, fünf Kinder, Retriever-Besitzer, Udo Jürgens Fan).

  Die Erhöhung des Marktpreises auf 18 900,00 EUR würde zu einer zusätzlichen Reduzierung des Marktanteils von 15 % (nicht Prozentpunkte) führen.

- Vorschlag 5 (vom Marketingleiter, 48 Jahre alt, mehrfach geschieden, 3 Kinder, haustierlos, Salsa-Fan):

  Eine Produktverbesserung (Wachhundfunktion) könnte zur Sicherung des Marktanteils von 2028 führen. Damit verbundene einmalige Kosten (Entwicklung, Werbung) belaufen sich auf voraussichtlich 320 000,00 EUR

d) Welche Vorschlagskombination erbringt das höchste Betriebsergebnis in 2029?

## Aufgabe 76

Die Fantastisch OHG stellt fünf verschiedene Konsumgüterprodukte her. Sie hat in der kommenden Periode 1 160 000,00 EUR Fixkosten der Zentrale zu tragen. Die Fixkosten der Zentrale werden im Rahmen einer Vollkostenrechnung zum Zwecke der Kalkulation auf die Produkte A – E (Astrid, Bodo, Claus, Dagmar, Engelbert) im Verhältnis 2 : 4 : 3 : 5 : 1 verteilt. Zudem werden für die kommende Periode folgende Daten erwartet:

| Produkt | Verkaufspreis (EUR) | Variable Stückkosten (EUR) | Maximale Absatzmenge (Stück) |
|---|---|---|---|
| A | 20,00 EUR | 12,00 EUR | 25 000 |
| B | 18,00 EUR | 8,00 EUR | 30 000 |
| C | 22,00 EUR | 10,00 EUR | 15 000 |
| D | 15,00 EUR | 6,00 EUR | 50 000 |
| E | 10,00 EUR | 4,00 EUR | 35 000 |

a) Aus der Zentrale kommt der Vorschlag, das Produkt C aus dem Produktionsprogramm zu eliminieren, damit ein höherer Gewinn erzielt werden kann. Beurteilen Sie den Vorschlag fundiert.

b) Es wird ein einmaliger Betrag in Höhe von 75 000,00 EUR bereitgestellt. Die Mittel sollen gezielt zur Verbesserung der Absatzsituation eines Produktes eingesetzt werden. Für welches der Produkte würden Sie werben, wenn Sie davon ausgehen, dass die in der Tabelle genannten maximalen Absatzzahlen der Produkte durch den Einsatz dieser Mittel um jeweils 15 % gesteigert werden können?

c) Durch den Ausfall einer Maschine ist ein Engpass entstanden, die maximalen Absatzzahlen können nicht mehr vollständig produziert werden. Im Engpass stehen 259 000 Zeiteinheiten (ZE) zur Verfügung und die Produktionszeiten der Produkte A bis E im Engpass betragen 2 ZE/Stück, 2 ZE/Stück, 4 ZE/Stück, 4,5 ZE/Stück, 1 ZE/Stück. Bestimmen Sie das optimale Produktionsprogramm.

d) Für welches der Erzeugnisse würden Sie nun, unter Berücksichtigung des entstandenen Engpasses, werben? Gehen Sie bei Ihrer Antwort statt von 75 000,00 EUR nun von 25 000,00 EUR an zusätzlichen Fixkosten für die Kampagne und von der identischen Werbewirkung von +15 % aus.

e) Aufgrund saisonaler Probleme ist der mögliche Verkaufspreis für Produkt C stark gesunken. Für den Zeitraum von zwei Monaten kann hierfür nur noch ein Preis von 13,00 EUR/Stück erzielt werden. Wiederum kommt aus der Zentrale der Vorschlag, das Produkt zu eliminieren. Legen Sie Ihre Argumentation dar.

f) Es gilt die gleiche Datenkonstellation wie in Aufgabenteil c (ohne Werbung, mit Engpass). Ein möglicher Lieferant bietet den Fremdbezug der Produkte zu folgenden Preisen an:

| Produkt | Fremdbezugspreis in EUR/Stück |
|---|---:|
| Astrid | 15,00 |
| Bodo | 10,00 |
| Claus | 20,00 |
| Dagmar | Keine Fremdbezugsmöglichkeit |
| Engelbert | 3,50 |

Welche Produkte sind nun eigen zu fertigen, welche fremd zu beziehen?

g) In Erweiterung der Aufgabenstellung f) wird die Anschaffung einer neuen, zusätzlichen Maschine erwogen. Diese würde eine zusätzliche Kapazität von 110 000 Zeiteinheiten/Periode erbringen und Fixkosten von 82 000,00 EUR/Periode verursachen. Alle anderen Daten bleiben konstant. Welche Produkte würden Sie nun in welchen Mengen fremdbeziehen?

## 3.2 Lösungen

**Lösung zu Aufgabe 61**

a) Das Besondere der Vollkostenrechnung besteht darin, dass nicht nur die Einzelkosten, sondern auch die Gemeinkosten über eine entsprechende Gemeinkostenschlüsselung auf die einzelnen Einheiten weiterverrechnet werden. Unter einer Teilkostenrechnung versteht man hingegen eine Rechnung, bei der nur ein Teil der Kosten (die eindeutig zurechenbaren Kosten) auf die Produkte verteilt werden. Der Rest geht als Block in die Betriebsergebnisrechnung ein.

b) Gründe für einen steigenden Anteil der Fixkosten sind:

- Trend zu mehr Mechanisierung, Automatisierung und Rationalisierung und infolgedessen zunehmende Anlagenintensität;
- Verkürzung der wirtschaftlichen Nutzungsdauer und damit der Abschreibungsdauer von Gegenständen des Anlagevermögens;
- Änderung der Nachfragestruktur hinsichtlich Variantenvielfalt;
- ständige Modernisierung und Verkürzung der Lebenszeit der Produkte, bestimmt u. a. durch technologischen Fortschritt;
- ständig steigende Umwandlung von variablen Lohnbestandteilen in fixe durch einerseits Einschränkung der Akkordarbeitszeit und andererseits Wechsel von Arbeits- in Angestelltenverhältnisse;
- steigende Personalneben- und Sozialkosten;
- stärkere juristische Bindung durch Kündigungsschutz;
- zunehmende Verwaltungs- und Kontrolltätigkeiten;
- steigende Vertriebskosten durch Kundendienst, Service, Werbung und Garantien;
- steigende Betriebsgröße und damit schlechtere Anpassungsmöglichkeiten an Konjunkturschwankungen.

c) Das Direct Costing ist die angelsächsische Bezeichnung für die Deckungsbeitragsrechnung. Diese ist eine Variante der Teilkostenrechnung. In der Deckungsbeitragsrechnung findet eine Trennung in variable (beschäftigungsabhängige) und fixe (beschäftigungsunabhängige) Kosten statt. Es wird dabei vermieden, die Fixkosten über Zuschlags- oder Verrechnungssätze auf die Kostenträger (Produkte) umzulegen. Nur die variablen Kosten werden den Kostenträgern zugerechnet. Den Überschuss des Umsatzes über die variablen Kosten bezeichnet man als Deckungsbeitrag.

d) Ein negativer Deckungsbeitrag bedeutet, dass die Umsatzerlöse nicht einmal die variablen Kosten des Erzeugnisses decken, d. h. jede produzierte und verkaufte Einheit verschlechtert den Betriebserfolg.

e) In der Praxis kann es Gründe dafür geben, ein Produkt trotz negativem Deckungsbeitrag im Programm zu belassen. Dies ist z. B. dann der Fall, wenn

- das Produkt zur Abrundung einer Serie benötigt wird;
- das Produkt nur kurzfristig einen negativen Deckungsbeitrag erwirtschaftet;
- das Produkt Verbundwirkungen hat, d. h. die Produktionseinstellung würde zu einer Verringerung der Umsatzerlöse eines anderen Produktes führen.

Im Falle eines negativen Deckungsbeitrags muss aber sichergestellt werden, dass die anderen Produkte mit einem positiven Deckungsbeitrag den negativen Deckungsbeitrag des betrachteten Produktes mindestens kompensieren.

f) Als Preisuntergrenze wird diejenige Preisstellung bezeichnet, zu der sich eine betriebliche Betätigung gerade noch lohnt. Langfristig ist das der Preis, der die gesamten Kosten abdeckt, kurzfristig kann auf eine volle Kostendeckung verzichtet werden; es reicht die Abdeckung der variablen Kosten. Ist ein Engpass vorhanden, müssen zudem die Opportunitätskosten gedeckt werden. Die liquiditätswirksame Preisuntergrenze ist erreicht, wenn durch den Absatz der Produkte die Einzahlungen höher sind als die direkt verursachten Auszahlungen.

g) Die „Relative Einzelkostenrechnung“ ist eine von Paul Riebel entwickelte Teilkostenrechnung. Sie verfolgt das Ziel, über den Ausweis verschiedener Deckungsbeiträge diejenigen Änderungen des Erfolgs und seiner Bestandteile offenzulegen, die sich als Folge bestimmter Entscheidungen ergeben haben bzw. werden. Relative Einzelkosten sind

Kosten, die einem bestimmten Objekt, z. B. einem Kostenträger oder einer Kostenstelle, in der Bezugsgrößenhierarchie als Einzelkosten direkt zugerechnet werden können, für andere Objekte der gleichen Hierarchie allerdings nicht zurechenbare Gemeinkosten sind. Der Terminus Einzelkosten wird relativ gebraucht, weil man in diesem System der Teilkostenrechnung generell sämtliche Kosten als Einzelkosten irgendwelcher für die Unternehmensleitung bzw. aus der Sicht der Rechnungszwecke wichtige Kalkulationsobjekte erfasst. So spricht man etwa – anders als in der herkömmlichen Vollkostenrechnung – von Einzelkosten nicht nur in Bezug auf die verschiedenen Kostenträgerarten und Leistungseinheiten, sondern zum Beispiel auch in Bezug auf einzelne Kostenstellen, Perioden usw. Im Grunde erweist sich dadurch der Begriff Gemeinkosten – rein abrechnungstechnisch gesehen – als überflüssig, weil keinerlei Gemeinkosten aufgeschlüsselt werden. In der Grundrechnung der Kosten erfolgt im System von Riebel eine Aufspaltung der Kosten in leistungsabhängige (Leistungskosten) und leistungsunabhängige (Bereitschaftskosten) Bestandteile. Unter den Leistungskosten werden die kurzfristig, bei gegebenen Kapazitäten automatisch mit Art und Menge der Leistungen sowie mit der Art der Produktionsverfahren variierenden Kosten zusammengefasst. In Betrieben, in denen die Produktionsmenge nicht mit der Absatzmenge übereinstimmt, in denen also Lagerbestandsveränderungen auftreten, ist es erforderlich, die Leistungskosten weiter in produktionsabhängige und absatzabhängige Kosten einzuteilen. Bereitschaftskosten umfassen die kurzfristig bei gegebenen Kapazitäten fixen, also von Art und Menge der Leistungen sowie von der Art des Produktionsverfahrens unabhängigen Kosten. Eine Unterteilung erfolgt weiter nach der Zurechenbarkeit auf Perioden, also z. B. in Jahreseinzelkosten, Quartalseinzelkosten und Monatseinzelkosten.

## Lösung zu Aufgabe 62

Die Ursache für dieses Ergebnis wird deutlich, wenn in der Rechnung, die dieser Fehlentscheidung zugrunde lag, eine Trennung der Kosten in variable und fixe Kostenbestandteile durchgeführt wird:

| Produkt | Menge | Var. K. (EUR) | Fixe K. (EUR) | Kosten (EUR) | Umsatz (EUR) | DB (EUR) |
|---|---|---|---|---|---|---|
| Anna | 500 Stück | 1500,00 | 500,00 | 2000,00 | 2500,00 | 1000,00 |
| Linda | 300 Stück | 1200,00 | 300,00 | 1500,00 | 1800,00 | 600,00 |
| Alex | 500 Stück | 1000,00 | 2000,00 | 3000,00 | 2800,00 | 1800,00 |
| Summe | | 3700,00 | 2800,00 | 6500,00 | 7100,00 | 3400,00 |

Ein Vollkostenrechner trennt die Kosten nicht in ihre variablen und fixen Bestandteile, der Begriff des Deckungsbeitrags ist ihm nicht bekannt. Somit ist ihm auch nicht bewusst, dass das Produkt Alex nicht nur einen positiven Beitrag zur Deckung der Fixkosten erbringt, sondern auch noch den höchsten Deckungsbeitrag aller Produkte. Im Anschluss an seine Fehlentscheidung decken die noch verbleibenden Deckungsbeiträge nicht mehr die Fixkosten ab. Ein Vollkostenrechner sollte sich von solchen Aufgabenstellungen fernhalten.

## Lösung zu Aufgabe 63

a) Die einfachste und in der betrieblichen Praxis am häufigsten anzutreffende Methode der Kostenspaltung ist die buchtechnische Methode. Hier erfolgt eine Aufteilung der Kosten nach Augenmaß in variable und fixe Bestandteile. Diese Methode hat den Vorzug der einfachen Durchführung, aber auch den gravierenden Nachteil, dass diese Aufteilung eben willkürlich und damit gefährlich ist. Da die variablen Kosten die absolute Preisuntergrenze darstellen, kann es dazu kommen, dass Fehlentscheidungen bei der Kalkulation auch noch mit reinem Gewissen getroffen werden („das System lieferte mir variable Kosten in Höhe von x, also erzielen wir doch einen positiven Deckungsbeitrag in Höhe von y“). Eine weitere Methode zur Kostenspaltung ist die grafische Methode. Bei diesem Verfahren werden die Istkosten und die dazugehörigen Beschäftigungswerte in ein Koordinatensystem (x-Achse = Beschäftigung, y-Achse = Kosten) als Punktwerte eingetragen. In die daraus resultierende Punktwolke wird freihändig eine Ausgleichsgerade in der Art hineingelegt, dass sich die negativen und positiven Abweichungen der tatsächlichen Werte von der Geraden in etwa ausgleichen. Der Schnittpunkt dieser Geraden mit der y-Achse beschreibt die gesamten Fixkosten einer Kostenart, während die Steigung der Ausgleichsgeraden die variablen Stückkosten angibt. Den Vorteilen der leichten Handhabbarkeit und der empirischen Fundierung steht der Nachteil gegenüber, dass dieses Verfahren ungenau ist und von subjektiven Einschätzungen des Kostenrechners/Zeichners abhängt. Ein drittes Verfahren ist die einfache mathematische Kostenspaltung. Bei dieser Form der Kostenauflösung setzt man zur Trennung der variablen und fixen Kostenbestandteile zwei Differenzen zueinander ins Verhältnis, die Kostendifferenz und die zugehörige Beschäftigungsdifferenz. Der Quotient ergibt die variablen Stückkosten. Aus den gesamten und den variablen Kosten lassen sich schließlich die Fixkosten errechnen. Der Nachteil dieses Verfahrens ist, dass die Genauigkeit der Kostenauflösung maßgeblich von der Auswahl der Wertepaare abhängt. Der Vorteil liegt darin, dass es sich um ein sehr einfaches Verfahren handelt. Schließlich bietet die Regressionsrechnung die wohl professionellste Methode zur Kostenspaltung. Die Aufgabe der Regressionsanalyse besteht darin, die Art der Abhängigkeit zwischen zwei oder mehr Variablen zu bestimmen, d.h. diejenige mathematische Funktion zu finden, durch die sich die zwischen den Variablen (z.B. Produktionsmengen und Kosten) bestehenden Abhängigkeiten beschreiben lassen. Abschließend sei angemerkt, dass die drei letzten Methoden jeweils von proportionalen variablen Kosten und keinen sprungfixen Kosten ausgehen (was faktisch nicht gegeben sein muss) und dass eine Schätzung künftiger Kostenverläufe ausgehend von Vergangenheitswerten stets ein „Autofahren mit Blick in den Rückspiegel“ darstellt.

b) Auf den Einbezug der Beschäftigungs- und Kostenwerte der Monate Mai, August und November wird verzichtet, weil in diesen Monaten aus den unterschiedlichsten Gründen keine normalen Verhältnisse vorgelegen haben. Die Werte der übrigen neun Monate werden in das Koordinatensystem mit dem Beschäftigungsausweis auf der x-Achse und dem Kostenausweis auf der y-Achse übertragen, anschließend wird die Regressionsgerade durch die Punktwolke gelegt.

$$y_i = a + b \cdot x_i$$

$$a = \frac{\sum x_i^2 \sum y_i - \sum x_i \sum x_i y_i}{n \sum x_i^2 - (\sum x_i)^2}$$

$$b = \frac{n \sum x_i y_i - \sum x_i \sum y_i}{n \sum x_i^2 - (\sum x_i)^2}$$

| Monat | $x_i$ | $y_i$ | $x^2_i$ | $x_i y_i$ |
|---|---|---|---|---|
| Januar | 2700 | 16 000 | 7 290 000 | 43 200 000 |
| Februar | 2500 | 15 000 | 6 250 000 | 37 500 000 |
| März | 1300 | 9000 | 1 690 000 | 11 700 000 |
| April | 1900 | 10 000 | 3 610 000 | 19 000 000 |
| Juni | 1100 | 7000 | 1 210 000 | 7 700 000 |
| Juli | 2600 | 13 500 | 6 760 000 | 35 100 000 |
| September | 2100 | 12 500 | 4 410 000 | 26 250 000 |
| Oktober | 1500 | 8500 | 2 250 000 | 12 750 000 |
| Dezember | 2300 | 12 000 | 5 290 000 | 27 600 000 |
| Summe | 18 000 | 103 500 | 38 760 000 | 220 800 000 |

N = 9

$\Sigma x_i$ = 18 000 h

$\Sigma x^2_i$ = 38 760 000 $h^2$

$\Sigma y_i$ = 103 500,00 EUR

$\Sigma x_i y_i$ = 220 800 000 h · EUR

Fixkosten = a = 1500,00 EUR

variable Kosten = b = 5,00 EUR/h

Die Regressionsfunktion lautet: y = 1500,00 EUR + 5,00 EUR/h x

c) Variable Stückkosten = (12 000,00 EUR – 10 000,00 EUR)/(1600 Stück – 2000 Stück) = 2000,00 EUR/ – 400 Stück = – 5,00 EUR/Stück

In diesem Fall errechnen sich negative Kosten. Es liegt die Vermutung nahe, dass Oppitz keine repräsentativen Werte aus dem Datenbestand ausgewählt hat und zudem, stur wie er eben ist, sein Vorgehen nicht reflektierte.

## Lösung zu Aufgabe 64

Bestimmen Sie die variablen Gemeinkostenzuschlagssätze.

| Kostenstelle | Gesamtkosten | Allgemeine Hilfskostenstelle | | Materialkostenstelle | | Fertigungskostenstelle | | Verwaltungskostenstelle | |
|---|---|---|---|---|---|---|---|---|---|
| Kostenarten | | Kf | Kv | Kf | Kv | Kf | Kv | Kf | Kv |
| Primäre Gemeinkosten | 300 | 31 | 20 | 85 | 22 | 272 | 17 | 328 | 25 |
| Umlage | | | | 0,6 | 0,7 | 1,2 | 12 | 4,7 | 0,8 |
| Primäre und sekundäre Gemeinkosten | | 31 | 0 | 85,6 | 22,7 | 273,2 | 29 | 332,7 | 25,8 |
| Bezugsbasen: | | | | | | | | | |
| -Materialeinzelkosten | | | | | 200 | | | | |
| -Fertigungseinzelkosten | | | | | | | 400 | | |
| -Variable Herstellkosten | | | | | | | | | 634,7 |
| Proportionale Zuschlagssätze | | | | | 11,35 % | | 7,25 % | | 4,06 % |

## Lösung zu Aufgabe 65

a) Die variablen Gesamtkosten und die variablen Zuschlagssätze entnehmen Sie folgender Tabelle:

| Bezeichnung | | Kosten (EUR) | Zuschlagssatz |
|---|---|---|---|
| | Materialeinzelkosten | 240 000,00 | |
| + | variable Materialgemeinkosten | 12 000,00 | 5 % |
| + | Fertigungseinzelkosten | 120 000,00 | |
| + | variable Fertigungsgemeinkosten | 72 000,00 | 60 % |
| = | variable Herstellkosten | 444 000,00 | |
| + | variable Vertriebsgemeinkosten | 22 200,00 | 5 % |
| + | Sondereinzelkosten des Vertriebes | 7800,00 | |
| = | variable Gesamtkosten | 474 000,00 | |

b) Ja, sonnenklar!

## Lösung zu Aufgabe 66

a) $1 \rightarrow 800 \times q1 = 450{,}00 \text{ EUR} + 750 \times q2$

$2 \rightarrow 1500 \times q2 = 700{,}00 \text{ EUR} + 800 \times q1$

$1a \rightarrow 450{,}00 \text{ EUR} = 800 \times q1 - 750 \times q2$

$2a \rightarrow 700{,}00 \text{ EUR} = -800 \times q1 + 1500 \times q2$

$1b \rightarrow (1a \times 2)\ 900{,}00 \text{ EUR} = 1600 \times q1 - 1500 \times q2$

$2a \rightarrow 700{,}00 \text{ EUR} = -800 \times q1 + 1500 \times q2$

$1b + 2a\ 1600{,}00 \text{ EUR} = 800 \times q1$

$q1 = 2{,}00 \text{ EUR/LE}$

$q2 = 1{,}53 \text{ EUR/LE}$

b) Gleichung aufstellen:

(1) $20\,000\ q1 = 5000{,}00 \text{ EUR} + 2000\ q2$

(2) $8000\ q2 = 350{,}00 \text{ EUR} + 2500\ q1$

Nach Umstellung:

(1) 5000,00 EUR = 20 000 q1 – 2000 q2

(2) 3250,00 EUR = −2500 q1 + 8000 q2

Gleichung (1) multipliziert mit 4:

(1a) 20 000,00 EUR = 80 000 q1 – 8000 q2

Gleichung (2) + (1a) ergibt:

(3) 23 250,00 EUR = 77 500 q1

Daraus folgt nach Umformung:

(3) q1 = 23 250,00 EUR/ 77 500 = 0,30 EUR je Leistungseinheit

Nach Einsetzen in Gleichung (1) und Umformung erhält man:

q2 = 1000,00 EUR/2000 = 0,50 EUR je Leistungseinheit

## Lösung zu Aufgabe 67

Es sind ausschließlich die variablen Kosten relevant, anzuwenden ist eine mehrstufige Divisionskalkulation.

Variable Kosten je kg auf Stufe 1: 21 600,00 EUR/5400 kg = 4,00 EUR/kg

Variable Kosten je kg auf Stufe 2: (25 000,00 EUR + 400 × 4,00 EUR)/ 5000 kg = 5,32 EUR/kg

Variable Kosten je kg auf Stufe 3: 35 000,00 EUR/3750 kg = 9,33 EUR/kg

Der Lageraufbau ist mit 9,32 EUR × 1250 kg, also mit variablen Herstellkosten von 11 650,00 EUR zu bewerten.

Die variablen Herstellkosten des Fertigerzeugnisses belaufen sich auf 18,65 EUR/kg.

## Lösung zu Aufgabe 68

Zunächst ist die IBL durchzuführen, augenscheinlich handelt es sich bei den beiden ersten Kostenstellen um Hilfskostenstellen, deren variable Gemeinkosten auf die Hauptkostenstellen verrechnet werden müssen. Da sich die Hilfskostenstellen gegenseitig Leistungen erbringen und kein vereinfachtes Verfahren genannt ist, muss das Simultanverfahren (auch Gleichungsverfahren) Verwendung finden. Die Ausgangsgleichungen lauten:

- 94 000 p1 = 16 000,00 USD + 30 p2
- 170 p2 = 10 000,00 USD + 600 p1

Die weitere Rechnung führt zu: p1 = 1,91 USD und p2 = 65,57 USD. Unter Berücksichtigung der durch die IBL auf die Hauptkostenstellen verrechneten sekundären variablen Gemeinkosten resultieren für die

- Fertigung 1: 250 Halbfabrikate A zu 8000,00 USD + 3438,00 USD
- Fertigung 2: 500 Halbfabrikate B zu 12 000,00 USD + 22 549,80 USD

Somit ergeben sich als variable Kosten der Halbfabrikate/Stück 45,75 USD (A) und 69,10 USD (B). Nun können die variablen Selbstkosten bestimmt werden:

- Variable Fertigungskosten: 205,97 USD ((25 000,00 USD + 200 × 45,75 USD + 400 × 69,10 USD)/300)
- Materialeinzelkosten: 108,00 USD
- Variable Vw./Vtr.-Kosten: 47,08 USD (11 300,00 USD/240)
- Sondereinzelkosten Vertrieb: 110,00 USD
- Variable Selbstkosten: 471,05 USD

### Lösung zu Aufgabe 69

Die Hilfskostenstelle 1 gab insgesamt 280 Stunden innerbetrieblich ab, davon 10 Stunden für die zweite Hilfskostenstelle. Die zweite Hilfskostenstelle gab 1600 $m^3$ innerbetrieblich ab, davon nichts an die erste Hilfskostenstelle. Insofern besteht im Kreise der Hilfskostenstelle lediglich eine einseitige Leistungsabgabe, es ist zur IBL das Stufenleiterverfahren zu wählen. Da aus der Sicht der empfangenden Kostenstellen jeweils zu bestimmen ist, ob die erhaltenen Leistungen aus ihrer Sicht variablen oder fixen Kostencharakter aufweisen, finden sich die benötigten Angaben in der Aufgabenstellung.

Der interne Verrechnungssatz für eine Stunde errechnet sich durch die Division der variablen Gemeinkosten der ersten Hilfskostenstelle (11 200,00 EUR) durch die o. g. Stundenanzahl und beträgt 40,00 EUR.

Der Verrechnungssatz für einen $m^3$ ergibt sich durch Division der primären und sekundären Gemeinkosten der zweiten Hilfskostenstelle (4000,00 EUR) durch 1600 $m^3$ und beläuft sich auf 2,50 EUR.

Es resultieren die im BAB aufgeführten variablen Gemeinkostenzuschlagssätze, somit ist zu kalkulieren:

| | |
|---|---|
| Materialeinzelkosten: | 1000,00 EUR |
| + variable Materialgemeinkosten (10 %): | 100,00 EUR |
| + Fertigungseinzelkosten Stelle I: | 100,00 EUR |
| + variable Fertigungsgemeinkosten Stelle I (30,5 %): | 30,50 EUR |
| + Fertigungseinzelkosten Stelle II: | 100,00 EUR |
| + variable Fertigungsgemeinkosten Stelle II (36 %): | 36,00 EUR |
| = variable Herstellkosten: | 1366,50 EUR |
| + variable Verwaltungsgemeinkosten (2,4 %): | 32,80 EUR |
| + variable Vertriebsgemeinkosten (1,2 %): | 16,40 EUR |
| = variable Selbstkosten: | 1415,70 EUR |

| Angaben in TEUR | | Hilfsstelle 1 | | Hilfsstelle 2 | | Material | | Fertigung I | | Fertigung II | | Verwaltung | | Vertrieb | |
|---|---|---|---|---|---|---|---|---|---|---|---|---|---|---|---|
| Kosten | – | fix | var. | fix | var. | fix | var. | fix | var. | fix | var. | fix | var. | fix | var. |
| Einzelkosten: | | | | | | | | | | | | | | | |
| F.-Material | 118 | | | | | | 118 | | | | | | | | |
| F.-Löhne | 90 | | | | | | | | 40 | | 50 | | | | |
| Gemeinkosten: | 270 | 16,8 | 11,2 | 11,4 | 3,6 | 19,7 | 10,7 | 39,1 | 8,9 | 66,4 | 14,2 | 39,2 | 4,8 | 23,2 | 0,8 |
| Umlage Hiko 1: | | | | | 0,4 | 0,2 | 0,6 | 0,7 | 2,3 | 1 | 2,6 | 0,3 | 1,1 | 0 | 2 |
| Umlage Hiko 2: | | | | | | 0,25 | 0,5 | 0,125 | 1 | 0,55 | 1,2 | 0,025 | 0,1 | 0,05 | 0,2 |
| Primäre + sekundäre Kosten | | 16,8 | | 11,4 | | 20,15 | 11,8 | 39,925 | 12,2 | 67,5 | 18 | 39,525 | 6 | 23,25 | 3 |
| Bezugsbasis | | | | | | | MEK | | FEK | | FEK | | v. HK | | v. HK |
| Zuschlagssatz | | | | | | | 10 % | | 30,5 % | | 36 % | | 2,4 % | | 1,2 % |

**Lösung zu Aufgabe 70**

a) Umsatz: 585 000 €

Bestandserhöhung: 175 000,00 EUR (3500 × 50,00 EUR)

Gesamtkosten: 835 000,00 EUR

Betriebserfolg: −75 000,00 EUR

b) Umsatz: 585 000,00 EUR

Herstellkosten des Umsatzes: 275 000,00 EUR (5500 × 50,00 EUR)

Fixe Herstellkosten: 200 000,00 EUR

Verwaltungs- und Vertriebskosten: 185 000,00 EUR

Betriebserfolg: −75 000,00 EUR

c) Die Bestandserhöhung würde um (200 000,00 EUR/9000) × 3500 höher bewertet werden, dies entspricht einer Höherbewertung der Leistung von 77 777,78 und somit einem Betriebsergebnis in Höhe von 2777,78 EUR.

## Lösung zu Aufgabe 71

a) Nach Abzug der variablen Kosten von den Erlösen resultiert Deckungsbeitrag 1, nach zusätzlichem Abzug der produktfixen Kosten Deckungsbeitrag 2, diese betragen in TEUR für A1 (560), A2 (420), A3 (310), B1 (120), B2 (-60), C (450) und D (240). Werden diese in den Produktgruppen zusammengefasst, zeigt sich die weitere Rechnung wie folgt:

| | Produkt-gruppe A | Produkt-gruppe B | Produkt-gruppe C | Produkt-gruppe D |
|---|---|---|---|---|
| Summe DB2 | 1290 | 60 | 450 | 240 |
| Produktgruppen-Fixkosten | 750 | 200 | 0 | 320 |
| DB3 | 540 | -140 | 450 | -80 |
| Summe DB3 | 540 | | 310 | -80 |
| Bereichsfixe Kosten | 0 | | 250 | 0 |
| DB4 | 540 | | 60 | -80 |
| Summe DB4 | | | | 520 |
| Unternehmensfixe Kosten | | | | 300 |
| DB5 = BE | | | | 220 |

b) Es sollten die Produktgruppen B und D eliminiert werden, um damit das Betriebsergebnis um 220 000,00 EUR auf 440 000,00 EUR erhöhen zu können.

c) Im Wesentlichen sind es zwei Voraussetzungen, erstens dürfen zwischen den Produkten keine Absatzverbünde bestehen (Kunde erwirbt stets Produkt A, weil er hier im Rahmen eines „one-stop-shoppings" gleichzeitig B kaufen kann) und die dargelegte Situation sollte keine vorübergehende, sondern eine langfristig zu erwartende Erfolgssituation sein.

### Lösung zu Aufgabe 72

a) Ein Vollkostenrechner käme bei proportionaler Verteilung der Fixkosten zur folgenden Erfolgsrechnung:

| Produkt | X | Y | % | Summe |
|---|---|---|---|---|
| Umsatz (EUR) | 80 000,00 | 30 000,00 | 200 000,00 | 310 000,00 |
| Variable Kosten (EUR) | 36 000,00 | 10 000,00 | 60 000,00 | 106 000,00 |
| Fixkosten (EUR) | 50 000,00 | 25 000,00 | 100 000,00 | 175 000,00 |
| Gewinn (EUR) | −6000,00 | −5000,00 | 40 000,00 | 29 000,00 |

Das Ergebnis seiner Rechnung legt die Entscheidung nahe, die Produkte X und Y aus dem Programm zu eliminieren. Dies ist insbesondere deswegen der Fall, weil ein Vollkostenrechner keine Aufteilung in fixe und variable Kosten vornimmt, in der Ergebnisrechnung folglich die Kosten, wenn überhaupt, in anderer Form differenziert werden (z. B. in Material-, Personal-, Raumkosten etc.). Da die Fixkosten aber nach der Eliminierung in voller Höhe weiterhin anfallen würden, würde sich der Gesamtgewinn zu einem Verlust von 35 000,00 verkehren.

b) Die Erfolgsrechnung des Teilkostenrechners hätte folgende Struktur:

| Produkt | X | Y | % | Summe |
|---|---|---|---|---|
| Umsatz (EUR) | 80 000,00 | 30 000,00 | 200 000,00 | 310 000,00 |
| Variable Kosten (EUR) | 36 000,00 | 10 000,00 | 60 000,00 | 106 000,00 |
| Deckungsbeitrag (EUR) | 44 000,00 | 20 000,00 | 140 000,00 | 204 000,00 |
| Fixkosten (EUR) | | | | 175 000,00 |
| Gewinn (EUR) | | | | 29 000,00 |

Alle Produkte erwirtschaften einen positiven Deckungsbeitrag, es existiert kein Anlass für die Erwägung einer Produkteliminierung.

## Lösung zu Aufgabe 73

a)

| Produkt | Menge | DB/Stück | DB insgesamt |
|---|---|---|---|
| A | 12 000 | 25,00 EUR | 300 000,00 EUR |
| B | 16 000 | 14,00 EUR | 224 000,00 EUR |
| C | 3120 | 50,00 EUR | 156 000,00 EUR |
| D | 6000 | 22,00 EUR | 132 000,00 EUR |

Kumulierter Deckungsbeitrag 812 000,00 EUR

Fixkosten 482 000,00 EUR

Betriebsgewinn 330 000,00 EUR

b) Rangfolge: C, A, D, B – denn wenn kein Engpass vorliegt, bestimmt der absolute Deckungsbeitrag je Stück die Rangfolge.

c) Variable Stückkosten = kurzfristige Preisuntergrenze. Der Betrieb kann kurzfristig auf die Deckung der Fixkosten verzichten. Liegt der Preis unterhalb der Selbstkosten, aber über den variablen Kosten, wird der Verlust verringert, der sonst bei Produktionseinstellung in Höhe der Fixkosten liegen würde. Unterstellt wird dabei, dass die fixen Kosten kurzfristig nicht abbaubar sind.

d)

| Produkt | absoluter DB | Fertigungszeit | relativer DB | Rangfolge |
|---|---|---|---|---|
| A | 25,00 EUR/Stück | 0,2 Std./Stück | 125,00 EUR/Std. | 2 |
| B | 14,00 EUR/Stück | 0,8 Std./Stück | 17,50 EUR/Std. | 4 |
| C | 50,00 EUR/Stück | 0,2 Std./Stück | 250,00 EUR/Std. | 1 |
| D | 22,00 EUR/Stück | 0,4 Std./Stück | 55,00 EUR/Std. | 3 |

Daraus ergibt sich das optimale Produktionsprogramm wie folgt:

Artikel C: 3120 Stück, je 0,2 Stunden/Stück = 624 Stunden

Artikel A: 12 000 Stück, je 0,2 Stunden/Stück = 2400 Stunden

Artikel D: 4940 Stück, je 0,4 Stunden/Stück = 1976 Stunden

Summe: 5000 Stunden

Die restliche von Produkt D absetzbare Menge (1060 Stück) sowie die gesamte Menge des Produkts B (16 000 Stück) müssen entfallen.

e) Deckungsbeitrag/Stück des Produkts E: 30,00 EUR/Stück – Fertigungszeit je E: 0,4 Stunden je Stück, ergo: relativer Deckungsbeitrag je E: 75,00 EUR/Stunde. Der relative Deckungsbeitrag des Zusatzproduktes E liegt über dem des noch produzierten Produktes D. Unter dem Gesichtspunkt der Gewinnmaximierung ist die Produktion von Bohrmaschine E lohnender als die der Bohrmaschine D. Um 2500 Stück von Produkt E herzustellen, werden 1000 Stunden benötigt. Daher bleiben für D noch 976 Stunden übrig, in denen 2440 Stück hergestellt werden können. Das optimale Produktionsprogramm zeigt sich unter Berücksichtigung des Zusatzauftrages wie folgt:

Produkt C: 3120 Stück, je 0,2 Stunden/Stück = 624 Stunden

Produkt A: 12 000 Stück, je 0,2 Stunden/Stück = 2400 Stunden

Produkt E: 2500 Stück, je 0,4 Stunden/Stück = 1000 Stunden

Produkt D: 2440 Stück, je 0,4 Stunden/Stück = 976 Stunden

Summe: 5000 Stunden

### Lösung zu Aufgabe 74

a) Die Deckungsbeiträge der beiden Produkte ergeben sich wie folgt:

| (alle Angaben in EUR /Stück) | P1 | P2 |
|---|---|---|
| Variable Bearbeitungskosten | | |
| in Abteilung 1 | 40,00 | 40,00 |
| in Abteilung 2 | 250,00 | 200,00 |
| in Abteilung 3 | 60,00 | 150,00 |
| Sonstige variable Kosten | 70,00 | 80,00 |
| Gesamte variable Kosten | 420,00 | 470,00 |
| Verrechnungspreis | 450,00 | 560,00 |
| Deckungsbeitrag | 30,00 | 90,00 |

Somit lautet die Zielfunktion:

$DB = 30x_1 + 90x_2 \rightarrow \max.!$

Und die Nebenbedingungen (drei Kapazitätsrestriktionen der Abteilungen, zwei Absatzrestriktionen, Nichtnegativitätsbedingungen):

$2 \times 1 + 2 \times 2 \leq 500$ Std.

$5 \times 1 + 4 \times 2 \leq 1200$ Std.

$2 \times 1 + 5 \times 2 \leq 950$ Std.

$x_1 \leq 200$ Stück

$x_2 \leq 180$ Stück

$0 \leq x_j \; j = 1, 2$

b) Zur Lösung nach der Simplex-Methode überträgt man die vorliegenden Daten in ein Simplex-Tableau, wobei die Restriktionen durch das Einführen von Schlupfvariablen $x_3, \ldots, x_7$ in die Form von Gleichungen gebracht werden müssen. Anschließend führt man die notwendigen Pivotoperationen durch. Es ergibt sich so nachstehende Folge von Simplex-Tableaus:

| $x_1$ | $x_2$ | $x_3$ | $x_4$ | $x_5$ | $x_6$ | $x_7$ | DB | | |
|---|---|---|---|---|---|---|---|---|---|
| 2 | 2 | 1 | – | – | – | – | – | 500 | 250 |
| 5 | 4 | – | 1 | – | – | – | – | 1200 | 300 |
| 2 | 5 | – | – | 1 | – | – | – | 950 | 190 |
| 1 | – | – | – | – | 1 | – | – | 200 | 200 |
| – | 1 | – | – | – | – | 1 | – | 180 | 180 |
| 30 | 90 | – | – | – | – | – | 1 | 0 | DB = 0 |
| | ↑ | | | | | | | | x1 = 0 |
| | | | | | | | | | x2 = 0 |
| 2 | – | 1 | – | – | – | -2 | – | 140 | 70 |
| 5 | – | – | 1 | – | – | -4 | – | 480 | 96 |
| 2 | – | – | – | 1 | – | -5 | – | 50 | 25 |
| 1 | – | – | – | – | 1 | – | – | 200 | 200 |
| – | 1 | – | – | – | – | 1 | – | 180 | – |
| 30 | – | – | – | – | – | -90 | 1 | -16 200 | DB = |
| ↑ | | | | | | | | | 16 200 |
| | | | | | | | | | x1 = 0 |
| | | | | | | | | | x2 = 180 |
| – | – | 1 | – | -1 | – | 3 | – | 90 | |
| – | – | – | 1 | -2,5 | – | 8,5 | – | 355 | |
| 1 | – | – | – | 0,5 | – | -2,5 | – | 25 | |
| – | – | – | – | -0,5 | 1 | 2,5 | – | 175 | |
| – | 1 | – | – | – | – | 1 | – | 180 | DB = |
| – | – | – | – | -15 | – | -15 | 1 | -16 950 | 16 950 |
| | | | | | | ↑ | | | x1 = 25 |
| | | | | | | | | | x2 = 180 |

Das optimale Programm lautet: 25 P1 und 180 P2. Hiermit ist der maximale Deckungsbeitrag von 16 950,00 EUR erzielbar.

## Lösung zu Aufgabe 75

Nachfolgend wurde mit nicht-ganzzahligen Stückzahlen gerechnet.

a) Bei variablen Gesamtkosten in Höhe von 5,49 Mio. EUR und 450 produzierten Stück betrugen die variablen Stückkosten 12 200,00 EUR. Da der Verkaufspreis 18 500,00 EUR betrug, belief sich der Deckungsbeitrag auf 6300,00 EUR/Stück. Dieser wurde 2028 (2,43 Mio. EUR/ 6300,00 EUR =) 385,71 Mal benötigt, um die Fixkosten zu decken.

b) Der Marktanteil betrug 2028 (450/1125 =) 40 %. Das vergangene Marktwachstum lag bei jährlich rund 10 %. Da der Marktanteil wegen Cute-like-Kim um 20 % sinken wird, ist davon auszugehen, dass die Faul AG 2029 (1125 × 1,1 × 0,32 =) 396 Stück verkaufen wird (Prognosewert!). Folglich wird das Unternehmen einen kumulierten Deckungsbeitrag von 2 494 800,00 EUR und damit ein Betriebsergebnis von 64 800,00 EUR erzielen.

c) Die Vorschläge sind einzeln und ohne die Setzung eigener Annahmen zu beurteilen. Es ist jeweils der relevante Engpass (Produktion, Markt) zu beachten.

- Vorschlag 1:

  Die Produktionskapazität würde damit auf 375 Stück/Jahr fallen. Bei Produktion und Verkauf dieser 375 Stück, würde ein Deckungsbeitrag/Stück von 7000,00 EUR, ein kumulierter Deckungsbeitrag von 2 625 000,00 EUR und ein Betriebsergebnis von 325 000,00 EUR erzielt werden. Die geschilderten Konsequenzen sind plausibel (weniger Reparatur-, Energie- und Ausschusskosten), er ist allerdings sehr defensiv.

- Vorschlag 2:

  Der hohen internen Kapazität steht die erwartete Absatzzahl von nur 396 Stück gegenüber. Das Betriebsergebnis ist auf dem Niveau von (396 × 8400 – 3 Mio. EUR =) 326 400,00 EUR zu erwarten. Auch hier sind die Konsequenzen plausibel und der Vorschlag führt zu keinem Absatzverzicht.

- Vorschlag 3:

  Wie zuvor steht der bescheidenen Absatzsituation eine sehr große Produktionskapazität gegenüber. Bei den hier relevanten 396

Stück, einem Stückdeckungsbeitrag von 9900,00 EUR und den angegebenen Fixkosten wäre für 2029 ein Betriebsergebnis in Höhe von 320 400,00 EUR zu erwarten. Auch hier klingen die Konsequenzen vernünftig, zudem handelt es sich auch hier um einen offensiven Vorschlag, der bei weiterem Marktwachstum in späteren Jahren – aufgrund der niedrigsten variablen Kosten – sicherlich immer vorteilhafter wird.

- Vorschlag 4:

  Preiserhöhungen auf einem elastischen Markt führen zu Umsatzrückgang und i. d. R. auch zu einem Gewinnrückgang. Der Stückdeckungsbeitrag beträgt zwar 400,00 EUR/Stück mehr als in der Ausgangssituation, doch der Mengeneffekt ist gewaltig. Je nach Verrechnung der zusätzlichen Marktanteilsreduzierung ist z. B. von einer Absatzmenge in Höhe von (1125 Stück × 1,1 × 0,4 × 0,8 × 0,85 =) 336,6 Stück auszugehen. Zu erwarten ist bei diesem Vorschlag ein negatives Betriebsergebnis von rund −174 780,00 EUR. Der Vorschlag ist abzulehnen.

- Vorschlag 5:

  Es handelt sich um einen sehr innovativen und offensiven Vorschlag. Die Annahmen, die der Marktanteilssicherung zugrunde liegen, müssten allerdings aufmerksam geprüft werden. Die zusätzlich entstehenden einmaligen Kosten sollten zwar besser über mehrere Jahre in Form von kalkulatorischen Abschreibungen verteilt werden (da von der Verbesserung sicherlich mehrere Geschäftsjahre profitieren), doch erbringt der Vorschlag auch bei vollständiger Berücksichtigung dieser Kosten in 2029 das höchste Betriebsergebnis bei (1125 Stück × 1,1 × 0,4 =) 495 Stück in Höhe von 368 500,00 EUR.

d) Die beste Vorschlagkombination ist jene aus Vorschlag 3 (geringste variable Stückkosten bei höchster Kapazität) und Vorschlag 5 (höchste Absatzmenge). Sie würde zu einem voraussichtlichen Betriebsergebnis von 495 Stück × 9900,00 EUR − 3,6 Mio. EUR − 320 000,00 EUR = 980 500,00 EUR in 2029 führen.

**Lösung zu Aufgabe 76**

a) Es ergeben sich folgende Stück-Deckungsbeiträge:

| Produkt | Verkaufspreis (EUR) | Variable Stückkosten (EUR) | Deckungsbeitrag (je Stück in EUR) |
|---|---|---|---|
| A | 20,00 | 12,00 | 8,00 |
| B | 18,00 | 8,00 | 10,00 |
| C | 22,00 | 10,00 | 12,00 |
| D | 15,00 | 6,00 | 9,00 |
| E | 10,00 | 4,00 | 6,00 |

Die Verteilung der Fixkosten auf die Produkte mag für die Zwecke einer Kalkulation Geschmackssache sein, hier ist sie fehl am Platz. Der Deckungsbeitrag des Produkts ist mit 12,00 EUR je Stück positiv, der Vorschlag wird abgelehnt.

b) Nicht der Stück-Deckungsbeitrag, sondern der gesamte Deckungsbeitrag eines Produkts ist hinsichtlich seiner Änderung aufgrund der Absatzsteigerung zu beachten. Hier erbringt eine Absatzsteigerung des Produkts D die höchste Deckungsbeitragsmehrung mit (9,00 EUR × 50 000 × 1,15 =) 67 500,00 EUR. Da jedoch die zusätzlichen Fixkosten damit nicht abgedeckt würden, ist die Maßnahme zu unterlassen – es sollte für keines der Produkte geworben werden.

c) Es sind die relativen Deckungsbeiträge zu bestimmen und eine Rangfolge zu bilden:

| Produkt | DB/Stück (EUR) | ZE/Stück | DB/ZE (EUR) | Rangfolge |
|---|---|---|---|---|
| A | 8,00 | 2 | 4,00 | 3 |
| B | 10,00 | 2 | 5,00 | 2 |
| C | 12,00 | 4 | 3,00 | 4 |
| D | 9,00 | 4,5 | 2,00 | 5 |
| E | 6,00 | 1 | 6,00 | 1 |

Im Anschluss an die Produktion von 35 000 E, 30 000 B, 25 000 A und 15 000 C verbleiben noch (259 000 – 205 000 =) 54 000 Zeiteinheiten. Nun können noch (54 000/4,5 =) 12 000 D gefertigt werden.

d) Wichtig ist hierbei die Berücksichtigung der Produktionsreduktion des in der Rangfolge schlechtesten Produkts D, denn eine Mehrproduktion des besten Produkts führt bei begrenzter Kapazität zur geringeren „Restzeit“ für D. Die Werbung für Produkt E würde zu zusätzlichem Absatz von 5250 führen, zugleich würden weitere 5250 ZE verbraucht. Der DB würde um (5250 × 6 =) 31 500,00 EUR steigen. Es könnten (5250 ZE/4,5 =) 1166,67 Stück weniger an D gefertigt werden, hierdurch würde ein DB-Verzicht von (1166,67 × 9 =) 10 500,00 EUR einhergehen. Unter Berücksichtigung der Kosten der Werbemaßnahme würde der Gewinn um 4000,00 EUR sinken.

Die gleiche Rechnung für Produkt B erbringt einen Zusatzgewinn von 2000,00 EUR. Denn der DB steigt um 45 000,00 EUR, dafür werden 9000 ZE benötigt und es können 2000 weniger D produziert werden (DB-Verzicht = 18 000,00 EUR). Die Maßnahme wäre für das Produkt B durchzuführen, die weiteren Produkt-Alternativen führen zu schlechteren Ergebnissen.

e) Grundsätzlich sollte das Produkt auch weiterhin nicht eliminiert werden, erbringt es doch immer noch einen positiven Deckungsbeitrag und ist der relevante Zeitraum ein sehr kurzer. In der Engpass-Situation würde es jedoch in diesen zwei Monaten nicht produziert werden, da es in der Rangfolge auf den letzten Platz fällt.

f) Produkt E ist, da die Fremdbezugskosten unter den variablen Kosten bei Eigenfertigung liegen, fremd zu beziehen. Die übrigen Produkte „kämpfen“ um einen Platz im Produktionsprogramm. Es sind zunächst die Mehr-Deckungsbeiträge bei Eigenfertigung (MehrDB) je Stück zu bestimmen und anschließend auf die Zeiteinheiten der Fertigung zu beziehen (SpezMehrDB):

| Produkt | DB Eigen (EUR) | DB Fremd (EUR) | MehrDB (EUR) | ZE/Stück | SpezMehrDB (EUR) |
|---|---|---|---|---|---|
| A | 8,00 | 5,00 | 3,00 | 2 | 1,50 |
| B | 10,00 | 8,00 | 2,00 | 2 | 1,00 |
| C | 12,00 | 2,00 | 10,00 | 4 | 2,50 |
| D | 9,00 | 0,00 | 9,00 | 4,5 | 2,00 |

Zunächst sind 15 000 C eigen zu fertigen und mit der verbleibenden Restkapazität noch zusätzliche 44 222 D. In den Fremdbezug gehen neben den 35 000 E noch 25 000 A und 30 000 B.

g) Zunächst würde die Restproduktion der 5778 Stück D erfolgen, anschließend - aufgrund des positiven Mehr-Deckungsbeitrags - auch die 25 000 Stück A. Mit diesen Mengen beträgt die verbleibende Restkapazität der neuen Anlage 34 000 ZE. Damit könnten noch 17 000 B eigen gefertigt werden. Mit diesen Produktionsmengen ginge ein zusätzlicher Deckungsbeitrag von 161 000,00 EUR einher. Da dieser deutlich größer ist als die zusätzlichen Fixkosten, wäre die Anschaffung der zusätzlichen Maschine unter kostenrechnerischen (!) Gesichtspunkten zu realisieren. In den Fremdbezug gingen neben den 35 000 E auch die verbleibenden 13 000 B.

# 4 Plankostenrechnung

## 4.1 Aufgaben

### 4.1.1 Struktur der Plankostenrechnung

Die Unternehmensführung sollte nicht „aufs Geratewohl“, sondern vor dem Hintergrund sorgfältiger Planung erfolgen. Es ist davon auszugehen, dass in den meisten Unternehmen die Vielzahl der zu treffenden Entscheidungen in sinnvoller Abstimmung sowie unter Berücksichtigung gegebener Bedingungen und ihrer erwarteten Entwicklung erfolgen. Insofern findet Planung in den Unternehmen statt, allein die Vollständigkeit und Tiefe, die Systematik und inhaltliche Qualität der Planung ist bei den einzelnen Unternehmen sehr unterschiedlich. Während die strategische Planung langfristig, d. h. mehrjährig orientiert ist (künftige Chancen und Risiken mit dem Hauptziel der langfristigen Existenzsicherung), weist die operative Planung einen kurz- bis mittelfristigen Orientierungsrahmen auf. Im Vergleich zur strategischen Planung repräsentiert sie die nachgeordnete Stufe, deren Ausrichtung kompatibel zur strategischen zu erfolgen hat, denn grundsätzlich setzen strategische Entscheidungen den Rahmen für das operative Handeln. Die Zielgrößen und Dimensionen der strategischen Ebene (z. B. Erfolgspotentiale, Risiken und Chancen oder Stärken und Schwächen) sind naturgemäß weniger gut quantifizierbar als jene der operativen (z. B. Rentabilität, Kosten und Leistungen). Zudem ist die strategische Planung vorrangig extern orientiert (Prognosen zu Märkten, Mitbewerbern etc.), die operative primär intern ausgerichtet (Sicherstellung der Wirtschaftlichkeit der betrieblichen Prozesse).

Für die operative Planung im Unternehmen bietet sich die Systematik der Kostenrechnung als passende Systematik an, da in ihr die gesamten betrieblichen Abläufe rechnerisch erfasst und bis zur Ermittlung des Betriebsergebnisses verarbeitet werden (Kostenarten, -stellen-, -trägerrechnung). Die Planung der Absatzmengen, z. B. für das kommende Geschäftsjahr, stellt im Regelfall den Ausgangspunkt der Planung dar. Der Mengenverbrauch der Einzelkosten kann direkt von den Kostenträgern abgeleitet werden, denn hier liegt eine unmittelbare Verursachungsbeziehung vor.

Die Gemeinkosten werden i. A. nicht direkt durch diese Leistungen verursacht, sie müssen daher vom Ort ihrer Entstehung, den Kostenstellen, ausgehend geplant werden. Dort wird der Mengenverbrauch der Gemeinkosten überwiegend nur indirekt über dritte Größen, z. B. Maschinenstunden, von den Leistungsmengen beeinflusst, während ein Teil der Gemeinkosten unabhängig von den Leistungsmengen ist (Bereitschaftskosten). Letztere werden durch die von der Kapazität her möglichen Leistungsmengen bestimmt. Da die Kapazität in der operativen Planung als gegeben, d. h. als von der Leistungsmenge nicht beeinflussbar angesehen wird, sind die Bereitschaftskosten für die Periode vorgegeben, also fixe Kosten (z. B. Raumkosten, Meistergehalt).

Während für die Ist- und Normalkostenrechnung die Schwierigkeit darin besteht, für die verursachungs-gerechte Verrechnung der angefallenen Kosten auf die Kostenträger geeignete Bezugsgrößen zu finden, besteht das Problem der Plankostenrechnung darin, ausgehend von den geplanten Leistungen die zutreffenden Kosteneinflussgrößen zu finden, um die Kosten einer künftigen Periode planen zu können.

Ist der Planungsprozess beendet, so stehen neben den Plan-Einzelkosten auch die kostenstellen-spezifischen Plan-Gemeinkosten fest, letztere haben dann für Kostenstellenverantwortliche Vorgabecharakter. Im Rahmen eines Soll-Ist-Vergleichs werden nach Ablauf der Periode Abweichungen ermittelt und im Rahmen einer Abweichungsanalyse seziert.

**Aufgabe 77**

Für die Fertigungsstelle 4711 einer Maschinenfabrik in Simmern/Hunsruck ist der Kostenplan für den Monat November erstellt worden. Er enthält die Plankosten und die Planbeschäftigung (420 Fertigungsstunden), hierbei die fixen und variablen Plankosten getrennt voneinander (in TEUR):

| Kostenart | Plankosten gesamt | Plankosten variabel | Plankosten fix |
|---|---|---|---|
| Hilfslöhne | 252 | 252 | 0 |
| Gehälter | 10 160 | 0 | 10 160 |
| Sozialaufwendungen | 2242 | 210 | 2032 |
| Materialkosten | 417 | 417 | 0 |
| Fremdleistungen | 609 | 609 | 0 |
| Fremdenergie | 283 | 202 | 81 |
| Steuern/Beiträge | 10 | 0 | 10 |
| Versicherungen | 75 | 0 | 75 |
| Leasing/Mieten | 222 | 0 | 222 |
| Allg. Verwaltung | 328 | 158 | 170 |
| Kalk. Abschreibungen | 552 | 220 | 332 |
| Kalk. Zinsen | 382 | 0 | 382 |
| **Summe primäre Plan-GK** | **15 532** | **2068** | **13 464** |
| Umlage Kantine | 343 | 0 | 343 |
| Umlage Reparatur | 438 | 288 | 150 |
| Umlage A.-vorber. | 1554 | 450 | 1104 |
| **Summe sekundäre Plan-GK** | **2335** | **738** | **1597** |
| **Summe Plan GK** | **17867** | **2806** | **15 061** |

a) Bestimmen Sie den variablen Plan-Gemeinkostenverrechnungssatz je Stunde für den Teilkostenrechner und den Plan-Gemeinkostenverrechnungssatz für den Vollkostenrechner.

b) Bestimmen Sie für einen Auftrag, welcher zu Plan-Fertigungslöhnen von 100,00 EUR in der Stelle führt, die Planfertigungskosten der Stelle als Voll- und als Teilkostenrechner.

Die Istbeschäftigung des Novembers beträgt 445 Fertigungsstunden. Die Istkosten zu Planpreisen betragen (in TEUR):

| Kostenart | Istkosten zu Planpreisen |
|---|---:|
| Hilfslöhne | 305 |
| Gehälter | 10 160 |
| Sozialaufwendungen | 2270 |
| Materialkosten | 340 |
| Fremdleistungen | 710 |
| Fremdenergie | 580 |
| Steuern/Beiträge | 12 |
| Versicherungen | 82 |
| Leasing/Mieten | 222 |
| Allg. Verwaltung | 290 |
| Kalk. Abschreibungen | 580 |
| Kalk. Zinsen | 382 |
| **Summe primäre Ist-GK** | **15 933** |
| Umlage Kantine | 375 |
| Umlage Reparatur | 390 |
| Umlage Arbeitsvorbereitung | 1.500 |
| **Summe sekundäre Ist-GK** | **2265** |
| **Summe Ist-GK** | **18 198** |

a) Warum sind die Istkosten zu Planpreisen aufgeführt?

b) Bestimmen Sie die Sollkosten des Vollkostenrechners zu den einzelnen Kostenarten.

c) Bestimmen Sie die einzelnen und die gesamte Verbrauchsabweichung/-en.

d) Wofür stehen positive und negative Verbrauchsabweichungen?

e) Die Bestimmung von Verbrauchsabweichungen setzt die Kenntnis der Kostenfunktion voraus. Im Rahmen dieser werden fixe und variable Kosten getrennt. Kann daher nur der Plankostenrechner auf Teilkostenbasis Verbrauchsabweichungen bestimmen?

f) Wie hoch sind die verrechneten Plankosten des Vollkostenrechners und wie hoch jene des Teilkostenrechners?

g) In welcher Höhe zeigt sich in beiden Rechnungen die Beschäftigungsabweichung? Wofür steht diese inhaltlich und wie ist sie im vorliegenden Fall zu interpretieren?

h) Erläutern Sie den Zusammenhang der Beschäftigungsabweichung und der Leerkosten.

## Aufgabe 78

Ein Unternehmen möchte eine Kostenplanung zum Produktionsprozess eines Produktes durchführen. Das Unternehmen produziert maximal im Drei-Schicht-Betrieb. Folgende Informationen liegen vor:

Maximal erzeugbare Mengen:

- Im 1-Schicht-Betrieb: 10 000 Stück
- Im 2-Schicht-Betrieb: 18 000 Stück
- Im 3-Schicht-Betrieb: 24 000 Stück

Die Fixkosten betragen 800 000,00 EUR, bei Einführung einer zweiten Schicht erhöhen sich diese auf 1 Mio. EUR und bei Einführung einer dritten Schicht auf 1,5 Mio. EUR. Die Gesamtkosten bei Erzeugung der jeweils maximalen Mengen betragen:

- Im 1-Schicht-Betrieb: 1,8 Mio. EUR
- Im 2-Schicht-Betrieb: 3,2 Mio. EUR
- Im 3-Schicht-Betrieb: 4,8 Mio. EUR

a) Ermitteln Sie die Gesamtkostenfunktion für jede Schicht.

b) Von welchen Voraussetzungen gingen Sie bei der Erstellung Ihrer Kostenfunktionen aus?

c) Wie hoch sind die Plankosten für 20 000 Stück?

d) Zeigen Sie Ihr Ergebnis zu a) mittels einer groben Skizze auf.

### 4.1.2 Einzelkosten-Abweichungsanalyse

Im Zusammenhang mit Einzelkosten ergibt sich eine sehr viel schlichtere Abweichungsanalyse. So erfolgt bei Identifikation einer Abweichung zwischen Ist-Materialeinzelkosten und Plan-Materialeinzelkosten lediglich eine Differenzierung von Preisabweichung (Delta Preis × Planmenge), Mengenabweichung (Delta Menge × Planpreis) und Abweichung 2. Grades, auch Sekundär- oder Restabweichung genannt (Delta Menge × Delta Preis).

**Aufgabe 79**

In einer Brauerei wurde im Rahmen der Kostenplanung bei einer geplanten Ausbringung von 1000 hl ein Planverbrauch von 5000 kg Hopfen zu einem Planeinkaufspreis von 3,00 EUR/kg zugrunde gelegt. Die Ausbringungsmenge wurde wie geplant realisiert, doch der Verbrauch an Hopfen belief sich auf 7500 kg und dessen Preis auf 3,30 EUR/kg. Die Kolleginnen Frau Wyoming Kurz (Master of Pipecover) und Frau Beate Bündig (Jodel-Diplom) analysieren die aufgetretene Kostenabweichung wie folgt:

Wyoming Kurz meint die Gesamtabweichung von 10 500,00 EUR wie folgt erläutern zu können:

- Preisabweichung = (Istpreis × Istmenge) – (Planpreis × Istmenge) = 2250,00 EUR
- Mengenabweichung = (Istpreis × Istmenge) – (Istpreis × Planmenge) = 8250,00 EUR

Beate Bündig sieht die Angelegenheit anders, ihrer Meinung nach beträgt die Gesamtabweichung lediglich 9750,00 EUR und diese sei zu zerlegen in eine:

- Preisabweichung = (Istpreis × Istmenge) – (Planpreis × Istmenge) = 2250,00 EUR
- Mengenabweichung = (Planpreis × Istmenge) – (Planpreis × Planmenge) = 7500,00 EUR

Nun ist die Frage, welcher der beiden Kolleginnen Sie zustimmen. Gegebenenfalls ist es für Sie von Bedeutung, dass Frau Wyoming Kurz ihren Masterabschluss vor wenigen Jahren an der wenig bekannten, doch dramatisch benannten IMU (International Management University) in Hintertupfingen ablegte und sich dort, nach eigenem Bekunden, weniger mit „grauer Theorie“, sondern mit praktischen Themen (wie etwa Party-Projektorganisationen, richtiges Schminken vor wichtigen Meetings, u. ä.) beschäftigte und zudem ihre Masterarbeit zum Thema „Mehrsprachig ohne Fachwissen im Management performen“ anfertigte.

Beginnen Sie Ihre Antwort mit der Erläuterung der richtigen Lösung, hierbei ist die entstandene Abweichung rechnerisch und grafisch zu analysieren.

## Aufgabe 80

Immer dann, wenn die monetären Auswirkungen einer Planung eindeutig auf die einzelnen Betrachtungsobjekte zuzuordnen sind, lässt sich das Prinzip der Einzelkosten-Abweichungsanalyse anwenden, folglich auch im Rahmen einer Umsatzplanung mit abschließender Abweichungsanalyse (als Preis-, Mengen- und Restabweichung).

Die Wiking AG verkauft auf einer Spielzeugmesse Modellautos. Modell A ist ein kleiner Bus, Modell B ein Pkw. Man rechnet mit folgenden Absatzmengen und -preisen:

| | Modell A | Modell B |
|---|---:|---:|
| Absatz in Stück: | 99 000 | 231 000 |
| Absatzpreis/Stück in EUR: | 4,00 | 5,00 |

Nach Beendigung der Messe stellt die Wiking AG fest, dass folgende Zahlenwerte vorlagen:

| | Modell A | Modell B |
|---|---:|---:|
| Absatz in Stück: | 120 000 | 180 000 |
| Absatzpreis/Stück in EUR: | 4,50 | 4,50 |

Bestimmen Sie die Umsatzabweichung und legen Sie die Abweichungsursachen dar.

### 4.1.3 Gemeinkosten-Abweichungsanalyse

**Aufgabe 81**

Von den gesamten Plankosten/Monat einer Kostenstelle in Höhe von 67 200,00 EUR sind 21 120,00 EUR Fixkosten. Die Planbeschäftigung beträgt 3200 Stunden/Monat.

a) Bestimmen Sie die Plankosten-/Sollkostenfunktion eines Vollkostenrechners. Wozu dient diese Funktion?

b) Bestimmen Sie die Sollkostenfunktion des Grenzplankostenrechners.

c) Bestimmen Sie die Sollkostenfunktion des starren Plankostenrechners.

d) Was unterscheidet den Kostenverrechnungssatz des Vollkostenrechners vom Verrechnungssatz des Grenzplankostenrechners?

e) Wodurch unterscheidet sich der Plankostenverrechnungssatz des flexiblen Plankostenrechners auf Vollkostenbasis von jenem des starren Plankostenrechners?

f) Angenommen, die Istbeschäftigung beträgt 2400 Stunden und die Istkosten belaufen sich auf 60 907,00 EUR – wie hoch sind in diesem Falle die Gesamt-, Verbrauchs- und die Beschäftigungsabweichung im Rahmen der

   - flexiblen Plankostenrechnung auf Vollkostenbasis;
   - flexiblen Plankostenrechnung auf Teilkostenbasis (Grenzplankostenrechnung);
   - starren Plankostenrechnung?

**Aufgabe 82**

In einem Unternehmen existiert lediglich eine starre Plankostenrechnung. Für eine Kostenstelle dieses Unternehmens werden monatlich 600 Leistungseinheiten geplant, die Plan-Gemeinkosten betragen 480 000,00 EUR/Monat.

a) Im ersten Monat stellen sich 550 000,00 EUR an Ist-Gemeinkosten ein, es wurden hierbei 600 Leistungseinheiten produziert. Bestimmen Sie die Gesamtabweichung und überlegen Sie, ob in dieser Situation etwas mehr zur Gesamtabweichung ausgeführt werden kann.

b) Bei gleicher Vorgabe resultieren im darauf folgenden Monat Istkosten von 420 000,00 EUR bei einer Produktion von 400 Leistungseinheiten. Ermitteln sie auch hier die Gesamtabweichung und erläutern Sie diese etwas tiefer.

c) Bei erneut identischer Vorgabe resultieren im darauf folgenden Monat 300 000,00 EUR an Istkosten, obgleich nichts produziert wurde. Wenden Sie sich dieser Situation mit der gleichen Intention wie im Falle a) und b) zu.

## Aufgabe 83

Eine Käseräderfabrik betreibt eine flexible Plankostenrechnung auf Vollkostenbasis und plant in einer Kostenstelle mit einer Beschäftigung von 180 000 Käserädern. Die Istbeschäftigung beträgt allerdings nur 120 000 Räder (alle nachfolgenden Kosten in EUR).

| | Plan | | | |
|---|---|---|---|---|
| Kostenart | Gesamtkosten | Variable Kosten | Fixkosten | Variable Istkosten |
| Fertigungslöhne | 30 000,00 | 30 000,00 | - | 21 000,00 |
| Hilfslöhne | 6000,00 | 2000,00 | 4000,00 | 1400,00 |
| Abschreibungen | 100 000,00 | 60 000,00 | 40 000,00 | 42 000,00 |
| Hilfsstoffe | 21 000,00 | 16 000,00 | 5000,00 | 13 000,00 |
| Sonstige Kosten | 23 000,00 | - | 23 000,00 | - |
| Summe | 180 000,00 | 108 000,00 | 72 000,00 | 77 400,00 |

a) Ermitteln Sie für die Kostenstelle den Plankostenverrechnungssatz und die Sollkostenfunktion.

b) Ermitteln Sie die Verbrauchs-, Beschäftigungs- und die Gesamtabweichung.

c) Welche dieser drei Abweichungen ist maßgebend für eine Wirtschaftlichkeitskontrolle?

d) Ermitteln Sie die nach Kostenarten differenzierten Verbrauchsabweichungen.

### Aufgabe 84

Erstellen Sie die Sollkostenfunktion bei Berücksichtigung folgender Angaben:

- Planbeschäftigung: 1000 Stück
- Vollkosten-Plankalkulationssatz: 5,00 EUR/Stück
- 400,00 EUR Beschäftigungsabweichung bei 800 Stück Istbeschäftigung.

Wie hoch sind Beschäftigungs- und Verbrauchsabweichung, wenn sich bei einer Istbeschäftigung von 500 Stück Istkosten in Höhe von 3800,00 EUR ergeben?

### Aufgabe 85

Für eine Kostenstelle sind für den November Plankosten bei Planbeschäftigung in Höhe von 30 000,00 EUR geplant, hiervon 12 000,00 EUR variabel.

a) Berechnen Sie den Variator.

b) Um wie viel Prozent ändern sich die Gesamtkosten bei einer Beschäftigungsänderung von 10 %?

c) Kurz vor Beginn der Planungsperiode erfolgt (coronabedingt) eine Reduzierung der Planbeschäftigung von 10 %. Wie hoch sind nun die Sollkosten?

d) Wie hoch ist der neue Variator angesichts der Situation in c)?

## Aufgabe 86

Ein Unternehmen betreibt eine flexible Plankostenrechnung auf Vollkostenbasis. Für die Kostenstelle 0815 sind für den November 2030 bei einer Planbeschäftigung von 470 Stunden folgende Kosten geplant (in EUR):

| Kostenart | Fixe Plan-GK | Variable Plan-GK | Ist-Gemeinkosten |
|---|---|---|---|
| Gehälter | 44 000,00 | 26 000,00 | 68 000,00 |
| Sonstige Personalkosten | 35 200,00 | 20 800,00 | 56 000,00 |
| Energiekosten | 1000,00 | 6400,00 | 6000,00 |
| Instandhaltung | 5000,00 | 6000,00 | 12 300,00 |
| Kalk. Abschreibungen | 36 000,00 | 0,00 | 36 000,00 |
| Kalk. Zinsen | 12 000,00 | 0,00 | 12 000,00 |
| Summe Gemeinkosten | ? | ? | ? |

Die Istbeschäftigung betrug 423 Stunden.

a) Ermitteln Sie den variablen Plankostenverrechnungssatz und den vollen Plankostenverrechnungssatz.

b) Ermitteln Sie die Sollkosten, insgesamt und nach Kostenarten differenziert.

c) Bestimmen Sie die Verbrauchsabweichung, insgesamt und nach Kostenarten differenziert.

d) Welchen Vorteil hat die Differenzierung der Verbrauchsabweichung nach Kostenart?

e) Bestimmen Sie die Beschäftigungsabweichung.

f) Welche Abweichungsarten und -höhen würden in dieser Situation im Rahmen einer Grenzplankostenrechnung und einer starren Plankostenrechnung identifiziert werden?

# 4.2 Lösungen

**Lösung zu Aufgabe 77**

a) Der variable Plan-Gemeinkostenverrechnungssatz beträgt 2806,00 EUR/420 Stunden = 6,68 EUR. Der Plan-Gemeinkostenverrechnungssatz beträgt 17 867,00 EUR/420 Stunden = 42,54 EUR.

b) Teilkostenrechnung: 100,00 EUR × 1,068 = 106,80 EUR

c) Vollkostenrechnung: 100,00 EUR × 1,4254 = 142,54 EUR

d) Die Istkosten sind zu Planpreisen aufgeführt, weil der Kostenstellenleiter die Istpreise nicht zu verantworten hat, beschafft er doch selbst nicht die Einsatzfaktoren.

e) Die Sollkosten sind Plankosten bei Istbeschäftigung, die Verbrauchsabweichung ist der Unterschied zwischen den Istkosten und den Sollkosten.

| Kostenart | Sollkosten (TEUR) (gerundet) | Verbrauchsabweichung (TEUR) |
|---|---:|---:|
| Hilfslöhne | 267 | 38 |
| Gehälter | 10 160 | 0 |
| Sozialaufwendungen | 2255 | 15 |
| Materialkosten | 442 | –102 |
| Fremdleistungen | 645 | 65 |
| Fremdenergie | 295 | 285 |
| Steuern/Beiträge | 10 | 2 |
| Versicherungen | 75 | 7 |
| Leasing/Mieten | 222 | 0 |
| Allg. Verwaltung | 337 | –47 |
| Kalk. Abschreibungen | 565 | 15 |
| Kalk. Zinsen | 382 | 0 |
| Umlage Kantine | 343 | 32 |
| Umlage Reparatur | 455 | –65 |
| Umlage Arbeitsvorbereitung | 1581 | –81 |
| **Summe** | **18 034** | **164** |

f) Positive Verbrauchsabweichungen zeigen Unwirtschaftlichkeiten auf, negative Verbrauchsabweichungen deuten darauf, dass wirtschaftlicher verfahren wurde als geplant.

g) Anders als im Rahmen einer starren Plankostenrechnung (hier herrscht der „reinrassige" Vollkostenrechner), setzt eine flexible Plankostenrechnung die Trennung von variablen und fixen Kosten in der Kostenarten- und -stellenrechnung voraus. Der Vollkostenrechner zeigt sich allerdings in der Kalkulation, hier arbeitet er mit einem Vollkostensatz, während der Teilkostenrechner nur einen variablen Kostensatz zum Ansatz bringt. Insofern kennen beide flexiblen Plankostenrechner eine Verbrauchsabweichung in gleicher Höhe.

h) Der Vollkostenrechner verrechnete 445 Mal seinen Satz in Höhe von 42,54 EUR und damit insgesamt 18 930,30 EUR. Der Teilkostenrechner verrechnete 445 Mal 6,68 EUR und somit 2927,60 EUR.

i) Eine Beschäftigungsabweichung existiert lediglich in der flexiblen Plankostenrechnung auf Vollkostenbasis. Sie ist bedingt durch die vollkostenrechnerische Fixkostenproportionalisierung. Rechnerisch ergibt sie sich als Differenz zwischen den Sollkosten und den verrechneten Plankosten. Da die Differenz zwischen Sollkosten und verrechneten Kosten des Vollkostenrechners Null beträgt, ist auch die Beschäftigungsabweichung Null. Mit seinen Plankosten gibt der Teilkostenrechner lediglich variable Gemeinkosten vor. Beim Vollkostenrechner ergibt sich hier eine Beschäftigungsabweichung von 18 034,00 EUR minus 18 930,30 EUR – somit von −896,30 EUR. Negative Beschäftigungsabweichungen stehen für eine höhere als die geplante Auslastung.

j) Im Unterschied zwischen dem Verrechnungssatz des Vollkostenrechners und jenem des Teilkostenrechners (siehe Teilaufgabe a) finden sich die vom Vollkostenrechner auf das Stück verrechneten Fixkosten von 35,86 EUR. Diese stückfixen Kosten wurden von ihm unter der Annahme errechnet, dass 420 Fertigungsstunden anfallen und verrechnet werden. Tatsächlich aber fielen 25 Fertigungsstunden mehr an – somit wurden stückfixe Kosten noch verrechnet als die Fixkosten insgesamt bereits gedeckt waren. 25 Mal die Stückfixkosten ergibt (von Rundungsdifferenzen abgesehen) die Beschäftigungsabweichung.

Leerkosten repräsentieren jenen Teil der Fixkosten, der für unausgelastete Kapazitäten steht. Fixkosten in Höhe von 15 061,00 EUR minus Nutzkosten von (445 /420) × 15 061,00 EUR = 15 957,50 EUR ergeben die Leerkosten von −896,50 EUR.

## Lösung zu Aufgabe 78

a) Die variablen und fixen Kosten je Schicht lassen sich aufgrund der Angaben mit der einfachen mathematischen Kostenspaltung bestimmen. So sind die variablen Stückkosten im Ein-Schicht-Betrieb über den Ansatz Delta Kosten/Delta Menge = 1 Mio. EUR/10 000 Stück = 100,00 EUR zu ermitteln. Bei 10 000 Stück ergeben sich folglich 1 Mio. EUR an variablen, folglich 800 000,00 EUR an fixen Kosten. Die Kostenfunktion im Ein-Schicht-Betrieb lautet:

   K = 800 000,00 EUR + 100,00 EUR x.

   Kostenfunktion im Zwei-Schicht-Betrieb: K = 500 000,00 EUR + 150,00 EUR x

   Kostenfunktion im Drei-Schicht-Betrieb: K = 400 000,00 EUR + 183,33 EUR x

b) Die beiden zentralen Voraussetzungen sind die Annahmen proportionaler variabler Kosten und fehlende sprungfixe Kosten innerhalb einer Schicht.

c) Zur Produktion von 20 000 Stück ist ein Drei-Schicht-Betrieb erforderlich, somit ist die entsprechende Kostenfunktion zu wählen:

   Kosten = 400 000 + 183,33 × 20 000 Stück = 4066 600

d) Da nur eine grobe Skizze zu erstellen ist, soll auf die Benennung der einzelnen Achsenwerte verzichtet werden:

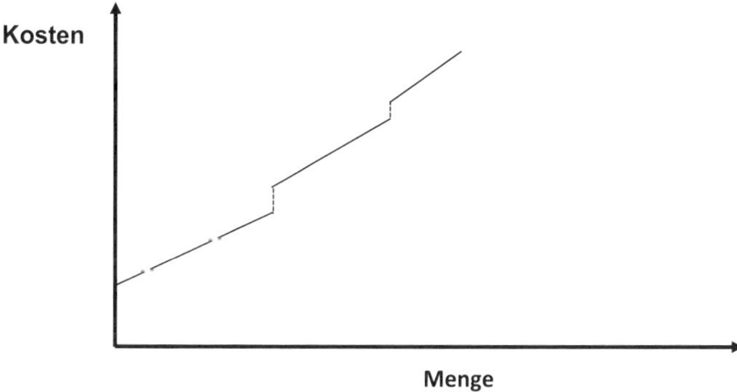


## Lösung zu Aufgabe 79

Bei einer Gesamtabweichung von 9750,00 EUR beträgt die Preisabweichung (5000 kg × 0,30 EUR =) 1500,00 EUR, die Mengenabweichung (3,00 EUR × 2500 kg =) 7500,00 EUR und die Abweichung 2. Grades (2500 kg × 0,30 EUR =) 750,00 EUR.

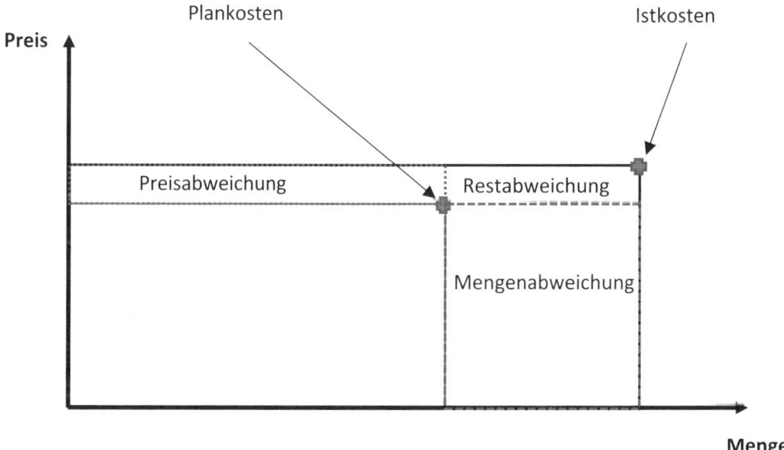


Beide Kolleginnen präsentieren folglich falsche Lösungen. Während Wyoming Kurz die Restabweichung doppelt zuschlägt, weist Beate Bündig diese der Preisabweichung zu.

Die Restabweichung sollte als solche gesondert ausgewiesen werden, denn sie ist weder eine reine Preis-, noch eine reine Mengenabweichung – sie resultiert daraus, dass für den „Mehrverbrauch auch noch mehr bezahlt wurde".

Während Beate Bündig sich beschämt abwendet, verteidigt Wyoming Kurz ihre Lösung jedoch resolut und rigide im Rahmen einer Diskussion mit zwei (anderweitig interessierten) Kollegen bis Mitternacht.

## Lösung zu Aufgabe 80

Statt eines Plan-Umsatzes von 1 551 000,00 EUR realisierte die Wiking AG nur einen Ist-Umsatz von 1 350 000,00 EUR, folglich beträgt die Umsatzabweichung −201 000,00 EUR. Im Einzelnen resultieren folgende Ursachen:

| (alle Angaben in EUR) | Modell A | Modell B | Gesamt |
|---|---|---|---|
| Preisabweichung | 49 500,00 | −115 500,00 | −66 000,00 |
| Mengenabweichung | 84 000,00 | −255 000,00 | −171 000,00 |
| Restabweichung | 10 500,00 | 25 500,00 | 36 000,00 |
| Summe Abweichungen | 144 000,00 | −345 000,00 | −201 000,00 |

## Lösung zu Aufgabe 81

a) Die Sollkostenfunktion lautet: Kosten = 21 120,00 EUR + 14,40 EUR x. Sie dient dazu, die Kosten die aufgrund der Planung an der Stelle jeder Beschäftigung hätten entstehen sollen, zu bestimmen.

b) Die Sollkostenfunktion des Grenzplankostenrechners lautet:
K = 14,40 EUR x.

c) In der Kostenvorgabe des starren Plankostenrechners erfolgt keine Trennung von fixen und variablen Kosten, daher existieren in der starren Plankostenrechnung keine Sollkosten.

d) Der Verrechnungssatz des Vollkostenrechners beinhaltet die mittels Planbeschäftigung proportionalisierten Fixkosten, der Verrechnungssatz des Grenzplankostenrechners beinhaltet lediglich die variablen Stückkosten.

e) Beide verrechnen alle Kosten auf das einzelne Stück, die Sätze unterscheiden sich nicht.

f) Der Vollkostenverrechnungssatz beträgt im Rahmen der flexiblen Plankostenrechnung und auch in der starren Plankostenrechnung (67 200,00 EUR/3200 =) 21,00 EUR. Bei einer Istbeschäftigung von 2400 Stunden betragen in beiden Systemen die verrechneten Plankosten (21,00 EUR × 2400 =) 50 400,00 EUR. In der Grenzplankostenrechnung belaufen sie sich auf (14,40 EUR × 2400 =) 34 560,00 EUR.

Sollkosten sind nur in flexiblen Systemen ermittelbar. Sie betragen vollkostenrechnerisch (21 120,00 EUR + 14,40 EUR × 2400 =) 55 680,00 EUR. In der Grenzplankostenrechnung entsprechen die Sollkosten den verrechneten Plankosten, betragen also 34 560,00 EUR.

Die Gesamtabweichung ergibt sich durch Subtraktion der verrechneten Plankosten von den Istkosten, sie beträgt daher in der

- flexiblen Plankostenrechnung auf Vollkostenbasis:
  60 907,00 EUR − 50 400,00 EUR = 10 507,00 EUR
- Grenzplankostenrechnung: (60 907,00 EUR − 21 120,00 EUR) − 34 560,00 EUR = 5227,00 EUR
- starren Plankostenrechnung: 10 507,00 EUR

Die Verbrauchsabweichung resultiert aus der Subtraktion der Sollkosten von den Istkosten, sie beträgt daher in der

- flexiblen Plankostenrechnung auf Vollkostenbasis:
  60 907,00 EUR − 55 680,00 EUR = 5227,00 EUR
- Grenzplankostenrechnung: (60 907,00 EUR − 21 120,00 EUR) − 34 560,00 EUR = 5227,00 EUR
- starren Plankostenrechnung: nicht bestimmbar, da keine Sollkosten bekannt

Die Beschäftigungsabweichung ergibt sich durch Subtraktion der verrechneten Plankosten von den Sollkosten. Sie beträgt in der

- flexiblen Plankostenrechnung auf Vollkostenbasis:
  55 680,00 EUR − 50 400,00 EUR = 5280,00 EUR
- Grenzplankostenrechnung: stets Null, da die Sollkosten den Verrechneten entsprechen
- starren Plankostenrechnung: nicht bestimmbar, da keine Sollkosten bekannt.

## Lösung zu Aufgabe 82

a) Die Gesamtabweichung beträgt (550 000,00 EUR – 480 000,00 EUR =) 70 000,00 EUR und ist gänzlich eine Verbrauchsabweichung.

b) Die Gesamtabweichung beläuft sich in diesem Falle auf (420 000,00 EUR – 2/3 × 480 00,00 EUR =) 100 000,00 EUR, diese ist nicht weiter differenzierbar.

c) Die entstandenen Kosten stellen die Gesamtabweichung dar, diese ist nun zu 100 % eine Beschäftigungsabweichung.

## Lösung zu Aufgabe 83

a) Der Plankostenverrechnungssatz beträgt (180 000,00 EUR/180 000 =) 1,00 EUR/Rad. Die Soll- oder Plankostenfunktion lautet: K = 72 000,00 EUR + 0,60 EUR x.

b) Die Verbrauchsabweichung ergibt sich wie folgt: Istkosten – Sollkosten, d. h. 77 400,00 EUR – (72 000,00 EUR + 0,6 × 120 000 =) 5400,00 EUR; die Beschäftigungsabweichung (Sollkosten – verrechnete Plankosten) beträgt 144 000,00 EUR – (1,00 EUR × 120 000), d. h. 24 000,00 EUR. Die Gesamtabweichung beläuft sich somit auf 29 400,00 EUR.

c) Für eine Wirtschaftlichkeitskontrolle ist lediglich die Verbrauchsabweichung relevant.

d) Nachfolgend die Verbrauchsabweichungen der einzelnen Kostenarten:

| Kostenart | Variable Istkosten (EUR) | Variable Sollkosten (EUR) | Verbrauchsabweichung (EUR) |
|---|---|---|---|
| Fertigungslöhne | 21 000,00 | 20 000,00 | 1000,00 |
| Hilfslöhne | 1400,00 | 1333,33 | 66,67 |
| Abschreibungen | 42 000,00 | 40 000,00 | 2000,00 |
| Hilfsstoffe | 13 000,00 | 10 666,67 | 2333,33 |
| Sonstige Kosten | – | – | – |
| Summe | 77 400,00 | 72 000,00 | 5400,00 |

## Lösung zu Aufgabe 84

Offensichtlich wurde bei 1000 Stück von Plankosten in Höhe von (5,00 EUR × 1000 =) 5000,00 EUR ausgegangen. Wenn die Beschäftigungsabweichung bei 800 Stück 400,00 EUR beträgt, so sind Plan-Fixkosten in Höhe von (400,00 EUR/0,2 =) 2000,00 EUR, ergo die geplanten variablen Kosten (5000,00 EUR – 2000,00 EUR =) 3000,00 EUR. Somit lautet die Plan-/Sollkostenfunktion: K = 2000,00 EUR + 3,00 EUR x.

Wenn sich bei einer Istmenge von 500 Stück Istkosten in Höhe von 3800,00 EUR ergeben, so beträgt die

- Verbrauchsabweichung:
  Istkosten (3800,00 EUR) – Sollkosten (3500,00 EUR) = 300,00 EUR
- Beschäftigungsabweichung:
  Sollkosten (3500,00 EUR) – Verrechnete PK (2500,00 EUR) = 1000,00 EUR

denn die Gesamtabweichung muss (Istkosten – Verrechnete Plankosten) 1300,00 EUR betragen.

## Lösung zu Aufgabe 85

a) Der Variator ergibt sich zu (12 000/30 000) × 10 = 4.

b) Bei einer Beschäftigungsänderung um 10 % ändern sich die Gesamtkosten um 4 %.

c) Die ursprünglichen Plankosten bei 100 %iger Beschäftigung betrugen 30 000,00 EUR. Die Sollkosten bei einer 90 %igen Beschäftigung betragen 30 000,00 EUR × (1 – 0,04 =) 28 800,00 EUR.

d) Der neue Variator ist (10 800/28 800) × 10 = 3,75.

## Lösung zu Aufgabe 86

Die gesamten Plankosten betragen 192 400,00 EUR, hiervon sind 133 200,00 EUR fix und 59 200,00 EUR variabel. Die Ist-Gemeinkosten belaufen sich auf 190 300,00 EUR.

a) Der Plankostenverrechnungssatz beträgt 192 400,00 EUR/470 Stunden = 409,36 EUR

Der variable Verrechnungssatz beläuft sich auf 59 200,00 EUR/470 Stunden = 125,96 EUR

b) Die Sollkosten betragen insgesamt 186 480,00 EUR und sind hinsichtlich der einzelnen Kostenarten nachfolgender Tabelle zu entnehmen.

| Kostenart | Sollkosten (EUR) | Verbrauchsabweichung (EUR) |
|---|---|---|
| Gehälter | 67 400,00 | 600,00 |
| Sonstige Personalkosten | 53 920,00 | 2080,00 |
| Energiekosten | 6760,00 | −760,00 |
| Instandhaltung | 10 400,00 | 1900,00 |
| Kalk. Abschreibungen | 36 000,00 | 0,00 |
| Kalk. Zinsen | 12 000,00 | 0,00 |
| Summe | 186 480,00 | 3820,00 |

c) Die Verbrauchsabweichung beträgt in der Summe 3280,00 EUR, auch die einzelnen Verbrauchsabweichungen sind in der oben stehenden Tabelle gelistet.

d) Die Differenzierung erbringt insbesondere bei der Analyse einen tieferen Einblick in die Ursachen der gegebenen Wirtschaftlichkeit und forciert die Planungskompetenz.

e) Die Beschäftigungsabweichung beläuft sich auf
186 480,00 EUR – (423 × (192 400,00 EUR/470)) = 13 320,00 EUR.

f) Eine Grenzplankostenrechnung würde lediglich zur Verbrauchsabweichung in Höhe von −3280,00 EUR und eine starre Plankostenrechnung zu einer Gesamtabweichung von 17 140,00 EUR führen.

# 5 Prozesskostenrechnung

## 5.1 Aufgaben

### 5.1.1 Intention der Prozesskostenrechnung

Wenn, wie in zahlreichen Unternehmen, die Gemeinkosten das deutlich Mehrfache der Einzelkosten ausmachen, dann führt im Rahmen einer vollkostenrechnerischen Zuschlagskalkulation eine Erhöhung der Einzelkosten um 1,00 EUR zu einer Erhöhung der Gesamtkosten von z. B. 10,00 EUR. Da jedoch der Großteil der Gemeinkosten Fixkosten sind (Personalkosten, Abschreibungen, Mieten etc.), ist eine solche Gemeinkostenverrechnung inhaltlich unsinnig. Die Prozesskostenrechnung trat daher zu Beginn der 1990er Jahre (in Deutschland) mit dem Anspruch an, die Gemeinkosten verursachungsgerechter zuordnen zu können. Es handelt sich bei der Prozesskostenrechnung um eine Vollkostenrechnung, da die gesamten Gemeinkosten den Bezugsobjekten vollständig zugerechnet werden. Dieses erfolgt nicht auf einer wertmäßigen, sondern auf einer prozessorientierten Basis. Eine wesentliche Eigenart der Prozesskostenrechnung ist der Sachverhalt, dass die Kostenstellen eines Betriebs in den Hintergrund treten. Stattdessen werden vorrangig kostenstellenübergreifende, sich wiederholende, Prozesse als Größen der Kostenverursachung betrachtet. Der Ablauf einer Prozesskostenrechnung erfolgt in folgenden Schritten:

- Tätigkeitsanalyse und Zusammenfassung der Tätigkeiten zu kostenstellenspezifischen Teilprozessen;
- Bestimmung der Kostensätze der Teilprozesse;
- Aggregation der Teilprozesse zu kostenstellenübergreifenden Hauptprozessen und entsprechende Bestimmung der Kostensätze der Hauptprozesse.

Eine Prozesskostenrechnung kann ausschließlich der Analyse entstehender Kosten bestimmter Prozesse dienen („Was kostet eine Auftragsbearbeitung?“ oder „Welche Kosten entstehen für eine Produktänderung oder eine Produktneuentwicklung“?). Die durch die Prozessanalyse bestimmten Prozesskosten können jedoch auch in eine Prozesskostenkalkulation eingehen. Hierbei genießen die Einzelkosten nach wie vor höchste Priorität. Die zweite Priorität kommt jenen Gemeinkosten zu, bei denen Kostentreiber als Verursacher der Kostenentstehung identifiziert werden können (z.B. Ein- und Auslagerungsvorgänge als Ursache der Materialgemeinkosten-Entstehung). In diesem Fall liegen leistungsmengeninduzierte Prozesse vor, sie bedingen leistungsmengeninduzierte Kosten. Sind „Cost Driver“ eines Prozesses nicht bestimmbar, so handelt es sich um leistungsmengenneutrale Prozesse (z.B. Leitung einer Kostenstelle), mit den ihnen zuzuordnenden leistungsmengenneutralen Kosten. Letztere werden üblicherweise konventionell geschlüsselt und gehen als Zuschlag auf die leistungsmengeninduzierten Kosten in die Kalkulation ein, ihnen kommt die geringste Priorität zu.

Die Prozesskostenrechnung sollte dort zum Einsatz gelangen, wo Tätigkeiten mit hohem Wiederholungscharakter und geringem Entscheidungsspielraum vorliegen, sie ist für innovative und kreative Prozesse ungeeignet. Wenn auch seinerzeit als neues Kostenrechnungsmodell gefeiert, stellt doch die Prozesskostenrechnung angesichts der Jahrzehnte vorher entwickelten Maschinenstundensatzrechnung „alten Wein in neuen Schläuchen“ dar. Zudem bleibt es bei einer willkürlichen Verrechnung der Gemeinkosten, die Tätigkeitserfassung, die Zusammenfassung der Tätigkeiten zu Teil-, später zu Hauptprozessen, die Zuordnung der Kosten auf die Prozesse usw. erfolgt in jedem Einzelfall willkürlich, ist eben auch in anderer Form möglich. Dennoch kommt der Prozesskostenrechnung der Verdienst zu, erstens eine gute Grundlage zur Analyse der Tätigkeiten in einem Betrieb darzustellen und zweitens einen Beleg dafür zu liefern, dass im Rahmen der konventionellen Kalkulation Kleinaufträge mit zu geringen und Großaufträge mit zu hohen Gemeinkosten belastet werden.

## Aufgabe 87

Ein Juwelier handelt lediglich mit zwei Artikeln, Gold- und Silberringe. Da im langfristigen Vergleich eine Unze Gold etwa das 50-fache einer Unze Silber beträgt, soll davon ausgegangen werden, dass die Einzelkosten eines Silberrings bei 20,00 EUR, jene eines Goldrings bei 1000,00 EUR liegen. Die Einzelkosten des Juweliers betrugen im abgelaufenen Monat 100 000,00 EUR, sie resultieren ausschließlich aus dem Ein- und Verkauf von Gold- und Silberringen. Zudem fielen im abgelaufenen Monat 50 000,00 EUR Gemeinkosten an, diese lassen sich in Personalkosten (Verkäuferinnen), Ladenmiete, Abschreibung auf die Ladeneinrichtung, Energiekosten etc. unterteilen. Betritt ein Kunde das Ladengeschäft, findet er rechts die Verkaufstheke für Goldringe und links jene für die Silberringe, dahinter postiert jeweils Ausstellungsvitrinen und eine Verkäuferin.

Jeder der 500 Kunden des letzten Monats genoss eine uniforme, halbstündige Beratung bei einer Tasse Kaffee und erwarb einen Ring.

a) Bestimmen Sie die Selbstkosten eines Silber- und Goldrings mittels konventioneller (summarischer) Zuschlagskalkulation.

b) Bestimmen Sie die Selbstkosten eines Rings auf der Basis eines Prozesskostenansatzes.

c) Welches Ihrer Ergebnisse aus a) und b) erscheint Ihnen plausibler?

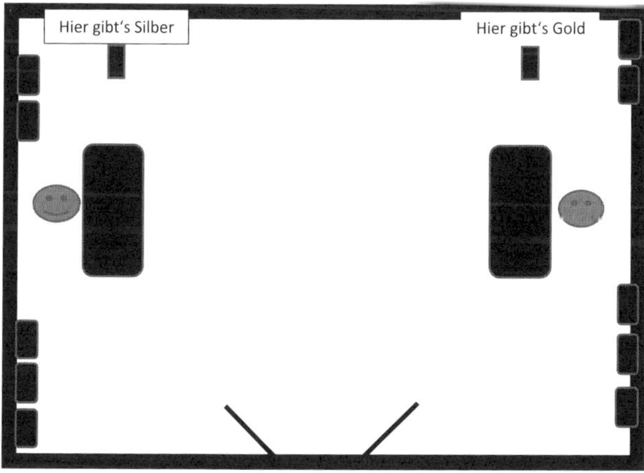

### 5.1.2 Prozesskostenrechnung und Prozesskostenkalkulation

**Aufgabe 88**

a) Welche der folgenden Aussagen zur Prozesskostenrechnung sind richtig? Die Prozesskostenrechnung …

   a) ordnet alle Kosten des Unternehmens auf Prozesse zu;

   b) hat in den letzten Jahren an Bedeutung gewonnen, da die Einzelkosten einen immer höheren Anteil an den Gesamtkosten einnehmen;

   c) zielt auf eine Erhöhung der Transparenz der Gemeinkosten ab.

b) Welche der folgenden Aussagen zur Prozesskostenrechnung sind richtig? In der Prozesskostenrechnung haben Cost Driver folgende Bedeutung:

   a) Sie dienen der Erfassung der Einzel- und Gemeinkosten der hergestellten Produkte.

   b) Sie enthalten die Fixkosten der Kostenstellen.

   c) Sie sind die wesentlichen kostenbeeinflussenden Größen eines Prozesses, sie sollten in einem möglichst proportionalen Verhältnis zu den entstehenden Kosten stehen.

c) Als ein Teilprozess der Kostenstelle Einkauf wurde das Anfertigen von Bestellungen identifiziert. In der Kostenstelle fielen 400 000,00 EUR an Gemeinkosten an. Es sind dort fünf Mitarbeiter tätig, die Anfertigung von Bestellungen liegt bei zwei dieser Mitarbeiter, diese erledigen sonst keine Aufgaben. Wie hoch sind die diesem Prozess zuzuordnenden Gemeinkosten?

**Aufgabe 89**

Ein Unternehmen produziert zwei unterschiedliche Vogelhäuschen, das Modell „PickenUndAb“ (P) und das Modell „Gemütlichkeit“ (G). Folgende Informationen liegen Ihnen vor:

| Alle Angaben in EUR | P | G |
|---|---|---|
| Materialeinzelkosten | 5,00 | 50,00 |
| Fertigungseinzelkosten | 15,00 | 25,00 |
| Gemeinkosten | | 23 000,00 |
| Absatzmenge | 150 Stück | 100 Stück |

a) Bestimmen Sie die Selbstkosten der Häuschen mittels Zuschlagskalkulation, verwenden Sie hierbei die Materialeinzelkosten als Zuschlagsbasis.

b) Wenn beide Häuschen je Stück identische Prozessgemeinkosten verursachen, so sind die Prozesskosten für die Häuschen wie hoch?

**Aufgabe 90**

a) Nennen Sie jeweils einen möglichen Kostentreiber der Gemeinkosten für die Kostenstellen Materialwirtschaft, Fertigung und Vertrieb.

b) Eine Einkaufsabteilung eines Medizintechnik-Herstellers erwirbt u. a. Hartschalenverpackungen für den Versand ihrer Geräte. Die Materialeinzelkosten einer solchen Verpackung betragen 6,00 EUR/Stück. Bisher wurde zur Abdeckung der Materialgemeinkosten mit einem wertmäßigen Zuschlagssatz von 25 % auf die Materialeinzelkosten gerechnet. Jüngst erbrachte eine Prozessanalyse einen Prozesskostensatz von 150,00 EUR je Bestellung – unabhängig der Bestellmenge. Zeigen Sie für die Bestellmengen von 1 Stück, 50 Stück und 500 Stück auf, dass nur die Prozesskostenkalkulation im Unterschied zur Zuschlagskalkulation den mit wachsender Bestellmenge einhergehenden Kostendegressionseffekt bei den gesamten Materialkosten offenlegt.

**Aufgabe 91**

Eine Tätigkeitsanalyse in den betroffenen Kostenstellen führte in einem Unternehmen zu den im Folgenden angegebenen Teilprozessen. Die Zuordnung der Teilprozesskosten wurde bereits vorgenommen.

Kostenstelle Einkauf:

Im Einkauf wurden sechs Teilprozesse identifiziert (in Klammern sind die Kostentreiber und Kostentreibermengen angegeben):

- TP 1.1 „Angebotseinholung“ mit Kosten von 530 000,00 EUR (8000 Angebote)
- TP 1.2 „Rahmenverträge verhandeln“ mit Kosten von 224 000,00 EUR (850 Verträge)
- TP 1.3 „Bestellungen abwickeln“ mit Kosten von 560 000,00 EUR (11 000 Bestellungen)
- TP 1.4 „Reklamationen bearbeiten“ mit Kosten von 68 000,00 EUR (600 Reklamationen)
- TP 1.5 „Neuteile disponieren“ mit Kosten von 340 000,00 EUR (900 Neuteile)
- TP 1.6 „Leitung der Kostenstelle“ mit Kosten von 170 000,00 EUR (Fehlanzeige)

Kostenstelle Eingangslager:

Im Eingangslager fanden sich nach Aggregation der Aktivitäten zu Teilprozessen drei Prozesse mit den angegebenen Kosten:

- TP 2.1 „Wareneingangsprüfungen“ mit Kosten von 370 000,00 EUR (11 000 Bestellungen)
- TP 2.2 „Identitätsprüfungen“ mit Kosten von 240 000,00 EUR (11 000 Bestellungen)
- TP 2.3 „Material bereitstellen“ mit Kosten von 130 000,00 EUR (3200 Fertigungsaufträge)

Kostenstelle Qualitätssicherung:

Folgende Teilprozesse ergaben sich in der Qualitätssicherung:

- TP 3.1 „Prüfpläne erstellen“ mit Kosten von 144 000,00 EUR (40 Neuprodukte)
- TP 3.2 „Messgenauigkeit prüfen“ mit Kosten von 138 000,00 EUR (3200 Fertigungsaufträge)
- TP 3.3 „Funktionsfähigkeit prüfen“ mit Kosten von 170 000,00 EUR (3200 Fertigungsaufträge)

- TP 3.4 „Güteprüfung“ mit Kosten von 162 000,00 EUR (1700 Normteile)
- TP 3.5 „Versiegelung der Ware“ mit Kosten von 130 000,00 EUR (6600 Aufträge)
- TP 3.6 „Leitung der Abteilung“ mit Kosten von 190 000,00 EUR (Fehlanzeige)

Kostenstelle Versand:

Im Versand lagen nachfolgende Teilprozesse vor:

- TP 4.1 „Auftragsabwicklung Inland“ mit Kosten von 192 000,00 EUR (4500 Aufträge)
- TP 4.2 „Auftragsabwicklung Ausland“ mit Kosten von 96 000,00 EUR (2100 Aufträge)
- TP 4.3 „Kommissionierung“ mit Kosten von 780 000,00 EUR (6600 Aufträge)
- TP 4.4 „Etikettierung der Ware“ mit Kosten von 540 000,00 EUR (6600 Aufträge)
- TP 5.5 „Versandpapier Inland erstellen“ mit Kosten von 122 000,00 EUR (4500 Aufträge)
- TP 4.6 „Versandpapiere Ausland erstellen“ mit Kosten von 114 000,00 EUR (2100 Aufträge)
- TP 4.7 „Abteilung leiten“ mit Kosten von 290 000,00 EUR (Fehlanzeige)

Die Verdichtung der Teilprozesse zu abteilungsübergreifenden Hauptprozessen erbrachte folgendes Ergebnis (die Prozessmengen der Hauptprozesse finden sich in Klammern):

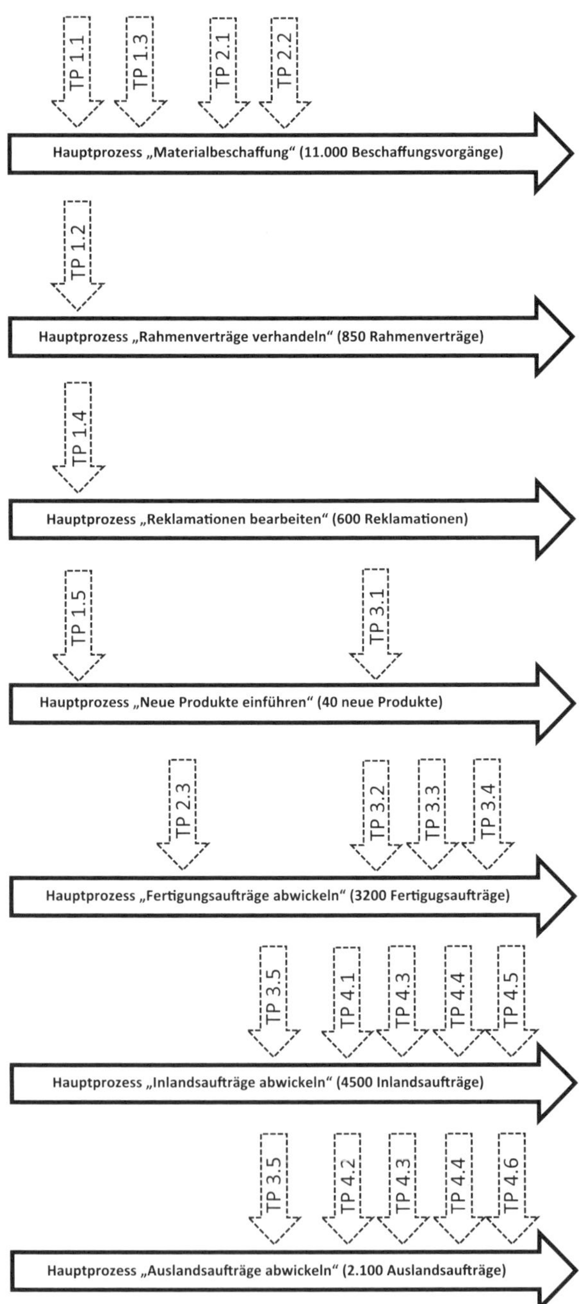
TP 1.1
TP 1.3
TP 2.1
TP 2.2
Hauptprozess „Materialbeschaffung“ (11.000 Beschaffungsvorgänge)
TP 1.2
Hauptprozess „Rahmenverträge verhandeln“ (850 Rahmenverträge)
TP 1.4
Hauptprozess „Reklamationen bearbeiten“ (600 Reklamationen)
TP 1.5
TP 3.1
Hauptprozess „Neue Produkte einführen“ (40 neue Produkte)
TP 2.3
TP 3.2
TP 3.3
TP 3.4
Hauptprozess „Fertigungsaufträge abwickeln“ (3200 Fertigugsaufträge)
TP 3.5
TP 4.1
TP 4.3
TP 4.4
TP 4.5
Hauptprozess „Inlandsaufträge abwickeln“ (4500 Inlandsaufträge)
TP 3.5
TP 4.2
TP 4.3
TP 4.4
TP 4.6
Hauptprozess „Auslandsaufträge abwickeln“ (2.100 Auslandsaufträge)

Bestimmen Sie die leistungsmengeninduzierten und die gesamten Kostensätze der Hauptprozesse. Bedenken Sie dabei, dass immer die Prozessmengen des/der Hauptprozesse/s ausschlaggebend sind.

## Aufgabe 92

Ein Chemieunternehmen produziert neben dem Produkt X auch das Produkt Y. Die Einzelkosten/Tonne der beiden Produkte betragen (in EUR):

| Produkt | X | Y |
|---|---|---|
| Materialeinzelkosten | 250,00 | 300,00 |
| Fertigungseinzelkosten | 200,00 | 275,00 |

Für die geplante Herstellung von 5000 Tonnen des Produkts X und 9000 Tonnen des Produkts Y im kommenden Jahr erwartet man insgesamt in den fünf Kostenstellen des Betriebs den Anfall von 18,345 Mio. EUR an Gemeinkosten/Jahr. Diese verteilen sich erwartungsgemäß wie folgt auf die Stellen:

- Materialkostenstelle 1 (Einkauf):

  Für die erste Materialkostenstelle werden im kommenden Jahr 3,45 Mio. EUR an Gemeinkosten bei 15 000 Beschaffungsprozessen erwartet. Hiervon entfallen auf X 6000 und auf Y 9000 Prozesse. Außer den Kosten für die Leitung der Stelle in Höhe von 450 000,00 EUR sind die restlichen Kosten leistungsmengeninduziert.

- Materialkostenstelle 2 (Wareneingang):

  Im Wareneingang werden 8000 Prozesse erwartet, hiervon 2600 für X und 5400 für Y. Die gesamten Gemeinkosten werden hier mit 2 350 000,00 EUR geplant. Erneut stellt der Teilprozess der Abteilungsleitung einen leistungsmengenneutralen dar, auf diesen entfallen 350 000,00 EUR, der übrige Teil der Gemeinkosten entfällt auf leistungsmengeninduzierte Prozesse.

- Fertigungskostenstelle:

  Die Realisierung des o.g. Produktionsprogramms erfordert voraussichtlich 50 000 Maschinenminuten, hiervon werden für alle Produkte des Typs X 23 000 Minuten und für alle des Typs Y 27 000 Minuten veranschlagt. Es wird der Anfall von 6,25 Mio. EUR an leistungsmengeninduzierten und 1,1 Mio. EUR an leistungsmengenneutralen Gemeinkosten erwartet.

- Verwaltungskostenstelle:

  An Verwaltungsgemeinkosten werden für das kommende Jahr 4 115 000,00 EUR erwartet. Auch bei aller Kreativität konnten hier keine einzelnen Prozesse identifiziert werden. Die Gemeinkosten sollen daher konventionell mittels Zuschlagssatzes auf die Herstellkosten verrechnet werden.

- Vertriebskostenstelle:

  Dem Vertrieb wurden Plan-Gemeinkosten von insgesamt 1 080 000,00 EUR zugeordnet, auf die Abteilungsleitung entfallen hiervon 270 000,00 EUR, der verbleibende Rest stellt leistungsmengeninduzierte Kosten dar. In der Stelle werden 900 Aufträge bearbeitet, hiervon 300 im Rahmen des Absatzes der 5000 Tonnen X und 600 für den Absatz der 9000 Tonnen Y.

a) Bestimmen Sie zunächst die Selbstkosten der Produkte X und Y je Tonne mittels konventioneller Zuschlagskalkulation. Berücksichtigen Sie bitte zusätzlich zu den erfolgten Angaben, dass bei beiden Produkten Sondereinzelkosten des Vertriebs je Tonne von 200,00 EUR (X) und 300,00 EUR (Y) anfallen.

b) Bestimmen Sie die Selbstkosten je Tonne mittels einer Prozesskostenkalkulation. Beachten Sie auch hier die in a) angegebenen Sondereinzelkosten.

## 5.2 Lösungen

### Lösung zu Aufgabe 87

a) Der konventionell errechnete Zuschlagssatz beträgt (50 000,00 EUR/ 100 000 =) 50 %, unter Verwendung dieses Satzes ergeben sich nachfolgende Selbstkosten:

| Konventionelle Kalkulation | Silberring | Goldring |
|---|---|---|
| Einzelkosten | 20,00 EUR | 1000,00 EUR |
| Gemeinkosten | 10,00 EUR | 500,00 EUR |
| Selbstkosten | 30,00 EUR | 1500,00 EUR |

b) Als sich im vergangenen Monat zeigende Prozesse sind lediglich die einzelnen Verkaufsakte zu sehen. Bei 500 Verkaufsprozessen entstanden 50 000,00 EUR an Gemeinkosten, d. h. je Verkaufsvorgang 100,00 EUR. Vor dem Hintergrund dieser Kenntnis resultieren folgende Selbstkosten:

| Prozesskostenkalkulation | Silberring | Goldring |
|---|---|---|
| Einzelkosten | 20,00 EUR | 1000,00 EUR |
| Gemeinkosten (100 je Prozess) | 100,00 EUR | 100,00 EUR |
| Selbstkosten | 120,00 EUR | 1100,00 EUR |

c) Kosten sind grundsätzlich betriebsbedingter Werteverzehr. Die Ressourcenbeanspruchung im Rahmen eines Goldringkaufs beträgt sicherlich nicht das 50-fache im Vergleich zum Kauf eines Silberrings. In beiden Fällen betritt der Kunde den Laden, wendet sich an die jeweilige Verkäuferin, erhält einen Kaffee und ein Beratungsgespräch, erhält den Ring verpackt, zahlt und verlässt den Laden. Es mag durchaus sein, dass beim Kauf eines Goldrings das Gespräch etwas intensiver geführt wird und ggf. auch etwas länger, doch sicherlich nicht 50 Mal so intensiv und lange. Insofern erscheint die Verteilung der Gemeinkosten im Rahmen der Prozesskostenkalkulation plausibler als im Falle der konventionellen Zuschlagskalkulation.

### Lösung zu Aufgabe 88

a) Aussage a) ist falsch, auf Prozesse zugeordnet werden ausschließlich die Gemeinkosten. Aussage b) ist zweifach falsch, erstens haben die Gemeinkosten zugenommen, zweitens werden Einzelkosten nicht auf Prozesse verteilt (über deren Existenz ist der Kostenrechner glücklich!). Aussage c) ist richtig!

b) Lediglich die letzte Aussage ist korrekt.

c) Zwei von fünf Mitarbeitern fertigen Bestellungen an, das entspricht einem Anteil an den Gemeinkosten von 160 000,00 EUR. Bei den vorliegenden Informationen ist die Beantwortung der Frage in anderer Form nicht möglich. Allerdings ist es im Rahmen prozesskostenrechnerischer Analyse durchaus üblich, die gesamten Gemeinkosten der Stelle (folglich nicht nur die Personalkosten) gleichmäßig allen Mitarbeitern zuzuordnen.

## Lösung zu Aufgabe 89

a) Der zu verwendende Zuschlagssatz beträgt 23 000,00 EUR/(5,00 EUR × 150 + 50,00 EUR × 100 =) 400,00 EUR. Somit ergeben sich:

| Angaben in EUR | P | G |
|---|---|---|
| Materialeinzelkosten | 5,00 | 50,00 |
| Materialgemeinkosten | 20,00 | 200,00 |
| Fertigungseinzelkosten | 15,00 | 25,00 |
| Selbstkosten/Stück | 40,00 | 275,00 |

b) Die einzigen Prozesse, die bekannt sind, sind die 250 Absatzprozesse. Der Kostensatz für einen Absatzprozess beträgt (11 500,00 EUR/250 =) 46,00 EUR. Somit ergeben sich an Selbstkosten für P (5,00 EUR + 46,00 EUR + 15,00 EUR =) 66,00 EUR/Stück und für G 121,00 EUR/Stück.

Der kostenmäßige Unterschied beider Häuschen ist im Falle der Prozesskostenrechnung geringer, was aufgrund gleicher Prozesse plausibler erscheint.

**Lösung zu Aufgabe 90**

a) Für die genannten Kostenstellen sind u.a. folgende Kostentreiber denkbar:

| Stelle | Kostentreiber |
|---|---|
| Materialwirtschaft | Ein-/Auslagerungen<br>Lieferscheinpositionen<br>Materialbestellungen<br>Wareneingangsprüfungen |
| Fertigung | Montagepositionen<br>Rüstvorgänge<br>Qualitätsprüfungen |
| Vertrieb | Kundenkontakte<br>Aufträge<br>Rechnungsanzahl<br>Frachtbriefe |

b) Das Resultat einer Zuschlagskalkulation:

| Bestellmenge in Stück | Material-EK (EUR) | Materialkosten (EUR) | Stückkosten (EUR) |
|---|---|---|---|
| 1 | 6,00 | 7,50 | 7,50 |
| 50 | 300,00 | 375,00 | 7,50 |
| 500 | 3000,00 | 3750,00 | 7,50 |

Das Resultat einer Prozesskostenkalkulation:

| Bestellmenge in Stück | Material-EK (EUR) | Materialkosten (EUR) | Stückkosten (EUR) |
|---|---|---|---|
| 1 | 6,00 | 150,00 | 156,00 |
| 50 | 300,00 | 150,00 | 9,00 |
| 500 | 3000,00 | 150,00 | 6,30 |

Dass die Stückkosten jeweils 7,50 EUR, unabhängig der Bestellgröße, betragen, erscheint wenig plausibel. Die Zuschlagskalkulation ist zum Aufzeigen des Degressionseffekts bei steigender Bestellmenge ungeeignet.

## Lösung zu Aufgabe 91

Die leistungsmengeninduzierten Kosten der Hauptprozesse ergeben sich durch Addition der entsprechenden Kosten der zugehörigen Teilprozesse (Kosten in EUR):

| Hauptprozess | Prozesskostensatz eines Hauptprozesses (nur lmi-Prozesse) |
|---|---|
| Material beschaffen | (530 000,00 + 560 000,00 + 370 000,00 + 240 000,00) / 11 000,00 = 154,55 |
| Rahmenverträge aushandeln | 224 000,00 / 850,00 = 263,53 |
| Reklamationen bearbeiten | 68 000,00 / 600,00 = 113,33 |
| Neue Produkte einführen | (340 000,00 + 144 000,00) / 40,00 = 12 100,00 |
| Fertigungsaufträge abwickeln | (130 000,00 + 138 000,00 + 170 000,00 + 162 000,00) / 3200,00 = 187,50 |
| Inlandsaufträge abwickeln | (192 000,00 + 531 818,18 + 368 181,80 + 88 626,36 + 122 000,00) / 4500,00 = 289,47 |
| Auslandsaufträge abwickeln | (96 000,00 + 248 181,82 + 171 818,20 + 41 363,64 + 114 000,00) / 2100,00 = 319,70 |

Werden z. B. 8000 Angebote eingeholt für 11 000 Beschaffungsprozesse, so sind die Kosten der Angebotseinholungen auf die 11 000 Materialbeschaffungsvorgänge zu beziehen. Werden 900 Neuteile für 40 neue Produkte disponiert, so sind die Kosten der 900 Neuteile auf diese 40 Produkte zu rechnen. Die Kosten jener Teilprozesse, die auf die Abwicklung der Inlands- und Auslandsaufträge zugeordnet wurden, sind im Verhältnis 4500 zu 2100 aufzuteilen.

Statt der oben aufgeführten Rechnung könnten alternativ die leistungsmengeninduzierten und gesamten Kosten der einzelnen Teilprozesse bestimmt (z. B. für eine Angebotseinholung 66,26 EUR, bzw. 72,80 EUR) und diese dann zu den Kosten der Hauptprozesse verrechnet werden. Auch hierbei ist darauf zu achten, dass die Menge des Hauptprozesses auschlaggebend ist (folglich wären nur 8/11 der Angebotskosten auf eine Materialbeschaffung zu verrechnen).

Die Berücksichtigung der Kosten der leistungsmengenneutralen Teilprozesse kann in der Form erfolgen, dass die Kosten in einem „Kostentopf" gesammelt und anschließend kostenstellenübergreifend auf die Hauptprozesse verteilt werden. Alternativ – und wohl auch verursachungsgerecht – sollen hier die leistungsmengenneutralen Kosten einer Stelle als Zuschlagssatz lediglich auf die Kosten der leistungsmengeninduzierten Prozesse dieser Stelle verrechnet werden. Der Verrechnungssatz der Stelle Einkauf ergibt sich durch Division der leistungsmengenneutralen Kosten durch die Summe der leistungsmengeninduzierten Kosten und somit zu 9,87 %.

Inklusive der leistungsmengenneutralen Kosten ergeben sich folgende Prozesskosten der Hauptprozesse (in EUR):

| Hauptprozess | Prozesskostensatz (lmi + lmn) |
|---|---|
| Material beschaffen | 164,32 |
| Rahmenverträge aushandeln | 289,54 |
| Reklamationen bearbeiten | 124,52 |
| Neue Produkte einführen | 13 858,50 |
| Fertigungsaufträge abwickeln | 225,00 |
| Inlandsaufträge abwickeln | 336,94 |
| Auslandsaufträge abwickeln | 371,90 |

**Lösung zu Aufgabe 92**

a) Die differenzierten Zuschlagssätze sind zu ermitteln:

| Stelle | Gemeinkosten in EUR | Zuschlagsbasis | Zuschlagssatz |
|---|---|---|---|
| Material 1 | 3,45 Mio. | MEK (3,95 Mio.) | 87,34 % |
| Material 2 | 2,35 Mio. | MEK (3,95 Mio.) | 59,49 % |
| Fertigung | 7,35 Mio. | FEK (3,475 Mio.) | 211,51 % |
| Verwaltung | 4,115 Mio. | HK (20,575 Mio.) | 20,00 % |
| Vertrieb | 1,08 Mio. | HK (20,575 Mio.) | 5,25 % |
| Summe | 18,345 Mio. | | |

Anschließend ergibt sich nachstehende Zuschlagskalkulation für die beiden Produkte:

| | Produkt X (in EUR) | Produkt Y (in EUR) |
|---|---|---|
| Material-EK | 250,00 | 300,00 |
| Material-GK Stelle 1 | 218,35 | 262,02 |
| Material-GK Stelle 2 | 148,73 | 178,47 |
| Fertigungs-EK | 200,00 | 275,00 |
| Fertigungs-GK | 423,02 | 581,65 |
| = Herstellkosten | 1240,10 | 1597,14 |
| Verwaltungs-GK | 248,02 | 319,43 |
| Vertriebs-GK | 65,11 | 83,85 |
| Sonder-EK des Vertriebs | 200,00 | 300,00 |
| **= Selbstkosten/Tonne** | **1753,23** | **2300,42** |

b) Für eine Prozesskostenkalkulation sind die Prozesskostensätze und im Vorfeld die Kosten der Prozesse zu bestimmen. Aufgrund der Angaben ergeben sich letztere wie folgt:

| Stelle | Prozesse | Imi-Kosten in EUR | Imn-Kosten in EUR | Imi-Satz in EUR | Gesamt-Satz in EUR |
|---|---|---|---|---|---|
| Einkauf | 15 000 | 3 Mio. | 0,45 Mio. | 200,00 | 230,00 |
| Waren-eingang | 8000 | 2 Mio. | 0,35 Mio. | 250,00 | 293,75 |
| Fertigung | 50 000 | 6,25 Mio. | 1,1 Mio. | 125,00 | 147,00 |
| Vertrieb | 900 | 0,81 Mio. | 0,27 Mio. | 900,00 | 1200,00 |

Es folgt die Prozesskostenkalkulation:

| | Produkt X (in EUR) | Produkt Y (in EUR) |
|---|---|---|
| Material-EK | 250,00 | 300,00 |
| Material-GK Stelle 1 | 276,00 | 230,00 |
| 1,2 Prozesse je X und 1 Prozess je Y | | |

| | Produkt X (in EUR) | Produkt Y (in EUR) |
|---|---|---|
| Material-GK Stelle 2 | 152,75 | 176,25 |
| 0,52 Prozesse je X und<br>0,6 Prozesse je Y | | |
| Fertigungs-EK | 200,00 | 275,00 |
| Fertigungs-GK | 676,20 | 441,00 |
| 4,6 Prozesse je X und<br>3 Prozesse je Y | | |
| = Herstellkosten | 1554,95 | 1422,25 |
| Verwaltungs-GK (20 %) | 310,99 | 284,45 |
| Vertriebs-GK | 72,00 | 80,00 |
| 0,06 Prozesse je X und<br>0,06666 Prozesse je Y | | |
| Sonder-EK des Vertriebs | 200,00 | 300,00 |
| **= Selbstkosten/Tonne** | **2137,94** | **2086,70** |

Im Rahmen der Zuschlagskalkulation werden Produkte mit hohen Einzelkosten (Produkt Y) tendenziell mit hohen Gemeinkosten belastet. Dieses Vorgehen erscheint jedoch wenig plausibel, weil nicht verursachungsgerecht. Die Prozesskostenrechnung unternimmt den Versuch, die Ressourcenbeanspruchung und die dadurch bedingten Gemeinkosten verursachungsgerechter zuzuordnen.

# 6 Verfahren des Kostenmanagements

## 6.1 Aufgaben

### 6.1.1 Traditionelle und moderne Instrumente des Kostenmanagements

Die Methoden des Kostenmanagements können grob unterteilt werden in die traditionellen Verfahren des Fixkostenmanagements und die moderneren, in Deutschland etwa Mitte der 1990er aufgekommenen, stets auf die Zukunft gerichteten Verfahren des Kostenmanagements, insbesondere das Target Costing und das Product Life Cycle Costing (PLCC).

Die traditionellen Verfahren des Fixkostenmanagements treten grundsätzlich mit dem Ziel an, Transparenz in den Fixkostenblock zu bringen. Sie ergänzen in erster Linie die Analysen der Deckungsbeitragsrechnung, besteht hier doch die spezielle Gefahr, dass der Anfall fixer Kosten bis kurz vor Periodenende ignoriert wird. Zu diesen Methoden zählen u. a.:

- Nutz- und Leerkostenanalyse

  Besteht im Unternehmen Kenntnis hinsichtlich der Höhe der Fixkosten einzelner Ressourcen und kann das Ausmaß von Nutz- und Leerkosten bestimmt werden (siehe Aufgabe 17b), so verfügt man u. a. über geeignete Indikatoren zur Beurteilung geplanter Investitionen oder Desinvestitionen.

- Stufenweise Fixkostendeckungsrechnung

  Verfügt das Unternehmen über eine Fixkostendeckungsrechnung (siehe Aufgabe 71), so muss der Anfall der gesamten Fixkosten zum Periodenende nicht einfach hingenommen werden, vielmehr kann bereits vor Periodenablauf eine gute Einschätzung der bisher erzielten Deckungsbeiträge vorgenommen werden.

- Cost Tables

  Hierbei handelt es sich um Datenbanken, in denen alle relevanten Kosteninformationen zu Prozessen, Produkten, Produktmodifikationen, Fertigungstechniken, Beschaffungsmöglichkeiten etc. systematisch erfasst sind. Sie beinhalten folglich aktuelles Erfahrungswissen, was jederzeit zur Bestimmung der Kostenwirkung alternativer Wege abgerufen werden kann.

- Analyse der Fixkostenelastizität

  Eine weitere wesentliche Information zu den Fixkosten ist jene zu ihrer Bindungsdauer. Ein Unternehmen weist eine umso höhere Fixkostenelastizität auf, je kürzer die Zeiträume zur Kostenreduktion sind. Während sich z.B. im Falle von Beschäftigungsrückgängen die variablen Kosten unmittelbar anpassen, ist die Anpassung der Fixkosten i.d.R. abhängig von den Bedingungen in fixkostenbedingenden Verträgen, wie etwa Arbeitsverträge oder Kreditverträge. Die Bestimmung der Fixkostenelastizität setzt eine intensive Vertragsanalyse voraus, doch ist z.B. die dem Geschäftsführer vorliegende Information, dass die Fixkosten des Unternehmens in Höhe von monatlich 2 Mio. EUR zu 40% in sechs Monaten und zu 67% in neun Monaten abbaufähig sind, in einer Verhandlung mit einem besonders „geizigen" Großkunden wohl von elementarer Bedeutung. Wichtig bei der Vertragsanalyse der o.g. Verträge ist es, dass zumindest im kurzfristigen Bereich auf die Aufrechterhaltung der Betriebsbereitschaft geachtet wird und Sanktionen wie etwa Konventionalstrafen durch vorzeitige Vertragskündigung, berücksichtigt werden.

## Aufgabe 93

Das Unternehmen Servant OHG ist absatzseitig überaus abhängig von seinem Großkunden, der Master AG. Immer neue Ansprechpartner im Einkauf der Master AG führten dazu, dass bei einem Verkaufspreis von 8000,00 EUR/Stück der Deckungsbeitrag des Produkts auf 100,00 EUR/ Stück sank. Es handelt sich um ein kundenspezifisches Produkt, welches anderweitig nicht veräußerbar ist. Auch die hierfür notwendigen Ressourcen der OHG können nicht anderweitig genutzt werden. Der monatliche

Absatz mit dem Großkunden beträgt 1000 Stück, dies entspricht einer 50 %-Kapazitätsauslastung der für diesen Kunden vorgehaltenen Ressourcen. Die dem Handling des Kunden zurechenbaren Fixkosten/Monat belaufen sich aktuell auf 80 000,00 EUR je Monat. Eine Analyse der Bindungsdauer führte zu folgender Fixkosten-Abbaubarkeit:

| | 1 Monat | 6 Monaten | 11 Monaten |
|---|---|---|---|
| Insgesamt abbaubare Fixkosten je Monat nach einem Zeitraum von … | 10 000,00 EUR | 50 000,00 EUR | 80 000,00 EUR |
| Dies stellt eine Reduzierung der Beschäftigung von … dar | 30 % | 70 % | 100 % |

Nun wurde der neue Einkaufsleiter, Dr. Dagobert Heiß-Sporn, in der OHG vorstellig. Er berichtete darüber, dass er im Rahmen seiner neuesten internationalen Recherche interessante Bezugsmöglichkeiten des Produkts in Südamerika entdeckt habe. Aufgrund der sehr langen Geschäftsbeziehung seines Hauses zur OHG wolle er aber nicht sofort vollständig auf das Angebot des südamerikanischen Lieferanten eingehen, sondern folgende Vorschläge unterbreiten (jeweils bei einer monatlichen Absatzmenge von 1000 Stück):

a) Die OHG verlangt ab sofort einen Verkaufspreis/Stück von 7800,00 EUR – in diesem Falle würde für ein komplettes Jahr vom südamerikanischen Angebot abgesehen werden, die OHG müsse sich in einem Rahmenvertrag für ein Jahr zur Belieferung verpflichten.

b) Die OHG verlangt ab sofort einen Verkaufspreis/Stück von 7950,00 EUR, bei einer Lieferverpflichtung von 6 Monaten, anschließend wechselt die Master AG zum südamerikanischen Lieferanten.

c) Es bleibt bei dem derzeitigen Preis, allerdings würde dann die Belieferung nach drei Monaten enden.

Welchen dieser Vorschläge sollte die Servant OHG annehmen?

### 6.1.2 Target Costing

Ein beachtlicher Anteil der von Unternehmen am Markt präsentierten Produkte scheitert entweder daran, dass der verlangte Preis aus Kundensicht zu hoch ist oder aber daran, dass die Produkteigenschaften vom potentiellen Kunden abgelehnt werden. Die mit diesen gescheiterten Produkten einhergehenden Fixkosten (für Entwicklung, Marktpräsentation, usw.) müssen anschließend von den übrigen Produkten des Unternehmens getragen werden. Das Target Costing (auch Zielkostenrechnung genannt) stellt eine radikale Abkehr vom konventionellen Zusammenspiel zwischen einem Kostenrechnungssystem und der Herstellung eines Produktes dar. Während bislang die Kosten- und Leistungsrechnung vielfach erst in der Phase der Produktherstellung die Frage nach der Höhe der Stückkosten zu beantworteten suchte, liegt der Ausgangspunkt des Target Costings bereits in der Phase der Produktentwicklung, hier werden bereits die Zielkosten vorgegeben. Im Falle geplanter neuer Produkte stellt das Target Costing ein Konzept zur Kostenplanung und -steuerung bei konsequenter Ausrichtung am Absatzmarkt dar. Zwei zentrale Prinzipien beschreiben das Wesen des Target Costings:

- Der erzielbare Verkaufspreis eines Produkts bestimmt dessen Kostenhöhe und Kostenstruktur!
- Es gilt hinsichtlich der Produktkonzeption der Grundsatz „nicht so gut wie möglich, sondern so gut wie nötig!"

Bei diesem Rechnungsansatz lernte man aus der Erfahrung, dass der überwiegende Teil der späteren Kosten eines Produktes bereits vor der Produktion des ersten Stücks festliegt. Die Kosten können anschließend nicht mehr oder nur teilweise durch ein aufwendiges Reengineering, beeinflusst werden. Daher sollte die Beeinflussung der Kosten bereits in der Produkt-Entwicklungsphase – und damit vor der Kostenentstehung – erfolgen. Möglichkeiten zur Beeinflussung der Produktkosten während der Entwicklungs- und Konstruktionsphase sind u. a. die Bestimmung des Materialeinsatzes und des Fertigungsverfahrens oder auch die Verwendung von Normteilen und Einheitsbaugruppen, Reduktion der Teilevielfalt. Target Costing setzt eine konsequente Markt- und Kundenorientierung des Unternehmens voraus. Speziell die Bereiche Marketing, Forschung und Entwicklung, sowie die Produktion müssen sich ständig am von der Marktforschung ermittelten, erzielbaren Preis und den daraus abgeleiteten, möglichen Kosten orientieren. Die Schrittfolge des Target Costings ist grundsätzlich die folgende:

a) Der mögliche Marktpreis sowie ggf. die damit verbundenen Absatzmengen werden ermittelt. Zudem sind die gewünschten Produktfunktionen/-eigenschaften zu bestimmen, die (voraussichtlich) für die Kunden wichtig sind. Ein mögliches Instrument zur fundierten Ermittlung stellt an dieser Stelle die Conjoint-Analyse dar. Es handelt sich hierbei um ein Verfahren der multivariaten Statistik, bei dem ein kompensatorisches Beurteilungsmodell unterstellt wird.

b) Die zulässigen Kosten (Allowable Costs) werden bestimmt, indem der Ziel-Gewinn oder eine geforderte Mindest-Umsatzrendite vom möglichen Marktpreis subtrahiert wird. Die zulässigen Kosten sind als Gesamtkosten (Vollkosten!) je Stück oder für eine gewisse Stückzahl über den gesamten Produktlebenszyklus hinweg zu bestimmen. Sie sind in der Realität i.d.R. nur unter großen Anstrengungen zu erreichen. Sie stellen also die schärfsten Kostenziele dar. Fallweise kann auch ein Pflichtbeitrag zur anteiligen Abdeckung allgemeiner Verwaltungskosten und Vertriebskosten in Abzug gebracht werden.

c) Der Block der zulässigen Kosten (Allowable Costs) wird auf alle Funktionen und Komponenten aufgespalten. Hiermit wird sichergestellt, dass auch die (voraussichtlich) von den Kunden geforderten Produkteigenschaften ausreichend zur Geltung kommen.

d) Den Allowable Costs werden die Drifting Costs (auch Standard Costs) gegenübergestellt. Letztere repräsentieren jene Kosten, die im Unternehmen für das Produkt anfallen würden, wenn die derzeitigen Produktions- und Beschaffungsmöglichkeiten genutzt würden. Haben folglich die Allowable Costs ihren Ursprung im unternehmensexternen Bereich, stellen die Drifting Costs unternehmensintern ermittelte Kosten dar.

e) Solange sich die Drifting Costs deutlich von den Allowable Costs unterscheiden (erkennbar an den gebildeten Zielkostenindizes oder anhand des erstellten Zielkostendiagramms), muss systematisch nach Anpassungsmöglichkeiten gesucht werden. Aus dem ständigen Abgleich von Drifting Costs und Allowable Costs werden letztlich verbindliche Zielkosten (Target Costs) abgeleitet. Der Versuch eines Abgleichs kann jedoch auch zum Ergebnis führen, dass die gewünschten Eigenschaften und/oder der gewünschte Verkaufspreis nicht realisiert werden können. In diesem Falle sollte das Unternehmen von der Produktpräsentation absehen.

Die Vorteile des Target Costings bestehen darin, dass die Erfordernisse des Absatzmarktes berücksichtigt werden. Zudem können notwendige Maßnahmen zur Kostenreduzierung frühzeitig erkannt und ergriffen werden.

## Aufgabe 94

Für die kommende Fußball-Weltmeisterschaft möchte ein Pfeifen-Unternehmen eine neue Trillerpfeife für den Fußball-Fan auf den Markt bringen. Eine systematische Fan-Befragung erbrachte das Ergebnis, dass der Preis von je Pfeife maximal 10,00 EUR betragen darf und dass die nachstehenden Pfeifen-Eigenschaften im Urteil der Fans folgende Bedeutung haben:

| Eigenschaft: | Lautstärke | Stabilität | Schickes Design |
|---|---|---|---|
| Bedeutung: | 50% | 30% | 20% |

Man geht im Pfeifen-Unternehmen davon aus, dass 20% des Pfeifenerlöses auf die Abdeckung allgemeiner Verwaltungskosten und dass 10% auf die Befriedigung des Gewinnanspruchs entfallen.

Weiterhin nimmt man an, dass die gewünschten Produkteigenschaften in folgendem Maße von den zu verbauenden Komponenten abhängig sind:

| Eigenschaften: | Lautstärke | Stabilität | Design |
|---|---|---|---|
| Komponenten: | | | |
| Gehäuse | 70% | 80% | 50% |
| Kugel | 30% | 0% | 0% |
| Band | 0% | 20% | 50% |
| Summe: | 100% | 100% | 100% |

Aufgrund der Erfahrungen mit der Trillerpfeife zur letzten Europameisterschaft, nimmt man an, dass das Gehäuse etwa 5,00 EUR, die Kugel 3,00 EUR und das Band 2,00 EUR kosten wird. Ermitteln Sie die Zielkostenindizes und interpretieren Sie diese, beurteilen Sie insgesamt die Situation.

### Aufgabe 95

Das Unternehmen Silbersee produziert Iglus und Wigwams für Hobby-Indianer. Während ein Iglu durch das Aufeinandersetzen von weißen Kunststoffteilen unterschiedlicher Dimensionen bei anschließendem Arretieren aufgebaut wird, sind die Wigwams mittels ausgeklügeltem Stecksystem zu errichten. Nun plant das Unternehmen die Entwicklung eines Häuptlingszelt namens „Ledersocke". Im Rahmen einer Marktbefragung wurden folgende von potenziellen Kunden genannten Eigenschaften (E1, E2, E3, E4) mit ihrer Bedeutung benannt:

| Eigenschaft: | E1 | E2 | E3 | E4 |
|---|---|---|---|---|
| Bedeutung: | 25 % | 30 % | 25 % | 20 % |

Ledersocke soll die Top-Position im Angebotsprogramm von Silbersee einnehmen. Leider wurde im Rahmen empirischer Arbeiten festgestellt, dass die Indianer-Präferenz deutlich negativ mit dem Einkommen korreliert. Wie fast zu erwarten, nannten daher die befragten potenziellen Kunden als eben noch akzeptablen Verkaufspreis 200,00 EUR. Da Silbersee einen sehr aufgeblähten Verwaltungsbereich unterhält und zudem sehr gierige Gesellschafter aufweist, geht man von Allowable Costs in Höhe von 100,00 EUR aus. Silbersee unterstellt folgende Komponenten-Funktionsmatrix:

| Eigenschaften: | E1 | E2 | E3 | E4 |
|---|---|---|---|---|
| Komponenten: | | | | |
| K1 (%) | 50 | 15 | 40 | 25 |
| K2 (%) | 35 | 70 | 40 | 30 |
| K3 (%) | 5 | 5 | 15 | 40 |
| K4 (%) | 10 | 10 | 5 | 5 |
| Summe (%) | 100 | 100 | 100 | 100 |

Die Drifting Costs erwartet man auf dem Niveau von 35,00 EUR (K1), 55,00 EUR (K2), 15,00 EUR (K3), 10,00 EUR (K4).

a) Bestimmen Sie die Zielkostenindizes.

b) Interpretieren Sie Ihre Ergebnisse aus a) und schlagen Sie geeignete Maßnahmen vor.

c) Ein aufgeweckter Assistent der Geschäftsführung der Silbersee, Fridolin Naseweis, schlägt vor, das Häuptlingszelt um ein zweckmäßiges

Add-on zu ergänzen – zur Präsentation seiner Didgeridoo-Sammlung sollte der Häuptling über ein kleineres Nebenzelt verfügen. Das Nebenzelt würde die Allowable Costs um 10% erhöhen, jedoch keinen Einfluss auf die Drifting Costs haben. Beurteilen Sie diesen Vorschlag fundiert.

## Aufgabe 96

Hundesofas sind die Spezialität des Unternehmens COSY LLC in Kentucky/USA. Sein weltweiter Erfolg ist nicht zuletzt darauf zurück zu führen, dass rassetypische Quartiere angeboten werden, so u.a.:

- das Modell „Rediculous" für den stets frierenden Zwergpinscher;
- das Modell „Boring" für den leutseligen Labrador;
- das Modell „Higgy" für den nervösen Doberman oder auch
- das Modell „Wolfsend" für den gar schrecklichen Kangal.

Nun plant man in der COSY das Modell „Mia" – einen Ruheplatz für den entzückenden American Staffordshire Terrier – und führte hierzu im Vorfeld eine Befragung zu den gewünschten Eigenschaften und deren Bedeutung bei 50 Staffordshire-Besitzer durch. Leider waren 45 der 50 Befragungen ohne Ergebnis, teils aufgrund erheblichen Alkoholkonsums, teils aufgrund anderweitiger kognitiver Unzulänglichkeiten, so wurden häufig die formulierten Fragen, trotz mehrfacher Wiederholung, nicht verstanden. Das Ergebnis der erfolgreichen Befragungen der Personen P1 bis P5 lautete:

| Eigenschaft: | P1 | P2 | P3 | P4 | P5 |
|---|---|---|---|---|---|
| Bequemlichkeit | 60% | 20% | 40% | 50% | 30% |
| Pflegeleichtigkeit | 5% | 20% | 15% | 10% | 25% |
| Handhabung | 13% | 14% | 15% | 16% | 17% |
| Haltbarkeit | 20% | 10% | 10% | 10% | 0% |
| Design | 15% | 0% | 15% | 14% | 16% |
| Transportierbarkeit | 7% | 6% | 5% | 3% | 4% |

Eine interne Befragung von Mitarbeitern der Produktion, der Entwicklung und Beschaffung führte zur folgenden Komponenten-Funktionsmatrix:

| | Funktion | | | | | |
|---|---|---|---|---|---|---|
| Komponente | F1 | F2 | F3 | F4 | F5 | F6 |
| K1 Federkern | 70% | 30% | 5% | 30% | 15% | 25% |
| K2 Gestell | 5% | 5% | 55% | 40% | 30% | 40% |
| K3 Kasten | 5% | 0% | 25% | 20% | 10% | 30% |
| K4 Überzug | 20% | 65% | 15% | 10% | 45% | 5% |

Schließlich wurden erfahrene Kalkulatoren gebeten, den Anteil der Kosten an den gesamten Stückkosten bei jetzigen Einkaufsmöglichkeiten und Produktionsbedingungen zu schätzen. Deren Einschätzung lautete: K1 (45%), K2 (20%), K3 (10%), K4 (25%).

a) Bestimmen Sie die Zielkostenindizes der vier Komponenten. Bei welchen Komponenten besteht ein Kostenreduktionsbedarf?

b) Welches Problem resultiert für den Ansatz daraus, dass ein Unternehmen bei einer Komponente zur außerordentlich günstigen Herstellung oder günstigem Bezug in der Lage ist?

c) Erläutern Sie den grundsätzlichen Unterschied zwischen den Allowable Costs und den Target Costs.

d) Diskutieren Sie die praktische Relevanz des Target Costings.

### 6.1.3 Product Live Cycle Costing (PLCC)

Im Rahmen des PLCC sind zunächst das anbieterorientierte und das nachfragerorientierte Konzept zu unterscheiden. Die grundlegende Intention ist bei beiden Konzepten inhaltsgleich, sie lautet:

„Beurteile ein Produkt nicht nach seinen kurzfristigen monetären Konsequenzen, sondern stets aufgrund jener seines gesamten Lebenszyklus".

Im ersten Falle erwägt ein Unternehmen die Einführung eines neuen Produkts. Im zweiten Falle beurteilt ein potenzieller Nachfrager die Vorteilhaftigkeit eines anzuschaffenden Investitions- oder Konsumguts.

### Aufgabe 97

Herr Cleverle aus Stuttgart steht beim Neukauf seines Pkw vor der Frage, ob er sich den neuen Amalfi Quattro Stagioni Sport oder aber den konventionellen BWM 311e anschaffen soll. Qualitativ erachtet er beide Fahrzeuge als annähernd gleichwertig, wobei er einen kleineren Nachteil des Amalfi in der minderwertig anmutenden Qualität der Bedienelemente sieht und als Nachteil des BWMs die Enge im Innenraum ausgemacht hat. So schlug er sich bereits im Rahmen der Probefahrt beim Einstieg in das Fahrzeug böse das Knie am Lenkrad auf und verstauchte sich dann auch noch den Mittelfinger beim Versuch, den Anschnallgurt im Gurtschloss zwischen Fahrersitz und Konsole zu befestigen. Der Slogan von BWM lautet eben „Freude am Sausen", weniger „Freude am Einsteigen", dachte sich Cleverle. Hinsichtlich ökologischer Aspekte, Fahreigenschaften und Image wertet er die beiden Alternativen gleich und trug für die beiden Fahrzeuge die wesentlichen Daten in folgender Tabelle zusammen:

| | Amalfi q.s. Sport | BWM 311e |
|---|---:|---:|
| Anschaffungspreis (EUR) | 49815,22 | 52750,00 |
| Rabatt | 8% | 8% |
| Nutzungsdauer | 7 Jahre | 7 Jahre |
| Fahrleistung in km/Jahr | 25000 | 25000 |
| Verbrauch in Liter/100 km | 9,5 | 6,66 |
| Kfz-Steuer (EUR/Jahr) | 180,00 | 408,71 |
| Versicherung (EUR/Jahr) | 1320,00 | 1520,00 |
| Wartung/Reparaturen (EUR/Jahr) | 1300,00 | 1400,00 |
| Restwerterlös (EUR) | 7500,00 | 8000,00 |

Cleverle rechnet mit einer Verzinsung auf das durchschnittlich gebundene Kapital von 5% und erfasst den Werteverzehr/Jahr in Form einer linearen Abschreibung. Als langfristig sicheren Treibstoffpreis erwartet Cleverle 1,30 EUR/Liter. Der Amalfi ist günstiger in der Anschaffung, aber ist er es auch bei Betrachtung der jährlichen Kosten über den gesamten Lebenszyklus?

## Aufgabe 98

Im Falle des anbieterorientierten PLCC ist der Betrachtungszeitpunkt, ebenso wie beim Target Costing, der Moment vor der eigentlichen Produktentwicklung und -präsentation. Im Unterschied zum Target Costing erfolgt allerdings eine über mehrere Perioden gehende und damit eher dynamische Betrachtung des Produktes über seinen gesamten Lebenszyklus (Entstehungs-, Markt- und Nachsorgephase). Es werden hierbei der deckungsbeitragsorientierte und der investitionsrechnerische Ansatz unterschieden. Beide Ansätze unterscheiden sich insbesondere durch die zu verrechnenden Wertströme, setzt der deckungsbeitragsorientierte Ansatz auf Kosten und Erlöse, so sind dies beim investitionsrechnerischen Ansatz Ein- und Auszahlungen. Bei beiden Ansätzen geht es um die Fragestellungen:

- Lohnt sich das Produkt bei Betrachtung seines gesamten Lebenszyklus?
- Führen Mehrkosten in der Entwicklungsphase durch dadurch bedingte Mehrerlöse oder entfallende Kosten in der Markt- oder Nachsorgephase zur Verbesserung in der Produktbeurteilung bei Betrachtung seines gesamten Lebenszyklus?

Ein Unternehmen beurteilt ein geplantes Produkt zu Beginn der Entstehungsphase. Es wird von folgenden Kosten und Erlösen (in TEUR) über den Lebenszyklus ausgegangen:

| Jahr | 1 | 2 | 3 | 4 | 5 | 6 | 7 | 8 |
|---|---|---|---|---|---|---|---|---|
| Erlöse | 0 | 0 | 320 | 320 | 320 | 320 | 320 | 10 |
| Kosten | 100 | 100 | 230 | 230 | 230 | 230 | 230 | -110 |
| „DB/Jahr“ | -100 | -100 | 90 | 90 | 90 | 90 | 90 | -100 |

Die Jahre 1 und 2 repräsentieren die Entstehungs-, die Jahre 3 bis 7 die Markt- und das Jahr 8 die Nachsorgephase.

a) Bestimmen Sie die Amortisationsperiode und beurteilen Sie das Ergebnis.

b) Der Einsatz hochwertiger Materialien würde zu jährlichen Mehrkosten von 10 000,00 EUR in den Jahren 1 - 7 führen, würde jedoch die Entsorgungskosten in der Nachsorgephase (Jahr 8) um 70 000,00 EUR reduzieren. Beurteilen Sie diese Maßnahme.

c) Kritisieren Sie die Terminologie des deckungsbeitragsorientierten Ansatzes.

## Aufgabe 99

Der investitionsrechnerische Ansatz des PLCC wird dem Investitionscharakter einer Produktneuentwicklung eher gerecht, er basiert auf den Methoden der dynamischen Investitionsrechnung, insbesondere der Kapitalwertmethode und der Methode des internen Zinssatzes.

Die Appelborn GmbH & Co. KG in Bad Kreuznach plant die Produktentwicklung und Markteinführung eines neuen Aggregats. Der Planungszeitraum beträgt 10 Jahre, wovon drei Jahre auf die Entstehungsphase, fünf Jahre auf die Marktphase und zwei Jahre auf die Nachsorgephase entfallen. In den Jahren wird mit folgenden Ein- und Auszahlungen gerechnet:

| Jahr | Einzahlungen (Mio. EUR) | Auszahlungen (Mio. EUR) |
|---|---|---|
| 1 | 0 | 26 |
| 2 | 0 | 41 |
| 3 | 0 | 51 |
| 4 | 139 | 128 |
| 5 | 149 | 142 |
| 6 | 144 | 128 |
| 7 | 145 | 91 |
| 8 | 164 | 77 |
| 9 | 64 | 41 |
| 10 | 45 | 37 |

Das Vorhaben ist mittels investitionsrechnerischem PLCC zu beurteilen. Verwenden Sie hierbei die Methode des internen Zinssatzes. Investitionen werden im Unternehmen dann realisiert, wenn die Investitionsrendite mindestens 12 % beträgt.

**Aufgabe 100**

Eine besondere Form des PLCC stellt das TCO (Total Cost of Ownership) dar. Beim TCO handelt es sich um ein nachfrager- oder anwenderorientiertes PLCC. TCO ist ursprünglich ein Konzept zur Bestimmung der tatsächlich im Zusammenhang mit einer IT-Investition entstehenden Gesamtkosten.

Ein Unternehmen plant die Anschaffung einer neuen IT-Landschaft. Hierzu liegen zwei Angebote unterschiedlicher Lieferanten vor:

| Kostenposition | Angebot A (in EUR) | Angebot B (in EUR) |
|---|---|---|
| Anschaffungskosten für 20 Bildschirmarbeitsplätze | 600 000,00 | 1 000 000,00 |
| Kosten der Verkabelung und der Anschaffung diverser Peripheriegeräte | 120 000,00 | 140 000,00 |
| Externe Kosten durch Schulung, Transport, Inbetriebnahme | 80 000,00 | 60 000,00 |
| Abschreibungsdauer | 6 Jahre | 6 Jahre |
| Personalkosten /Jahr | 120 000,00 | 60 000,00 |
| Kosten für die externe Wartung /Jahr | 100 000,00 | 40 000,00 |
| Anfallende Stunden für die notwendige Organisationsanpassung | 300 | 50 |
| Interner kalk. Stundensatz | 80 | 80 |

Bestimmen Sie die kostengünstigere Alternative mittels TCO-Ansatz (ohne kalkulatorische Zinsen auf die Kapitalbindung und bei linearer Abschreibung).

## 6.2 Lösungen

**Lösung zu Aufgabe 93**

a) Zunächst sind in jedem Fall Maßnahmen einzuleiten, um innerhalb eines Monats die Fixkosten um 10 % zu senken, denn die damit einhergehende Kapazitätsreduktion ist ohne Belang in der vorliegenden Situation. Würde die Geschäftsbeziehung sofort aufgegeben werden, so würde sich im 12-Monatszeitraum ein Verlust von 580 000,00 EUR ergeben:

| Monat | Kapazität (Stück) | Auslastung | DB/Stück (EUR) | Fixkosten (EUR) | Nettogewinn / Monat (EUR) |
|---|---|---|---|---|---|
| Aktuell | 2000 | 1000 | 100,00 | 80 000,00 | +20 000,00 |
| 1 | 2000 | 0 | 0,00 | 80 000,00 | −80 000,00 |
| 2 | 1400 | 0 | 0,00 | 70 000,00 | −70 000,00 |
| 3 | 1400 | 0 | 0,00 | 70 000,00 | −70 000,00 |
| 4 | 1400 | 0 | 0,00 | 70 000,00 | −70 000,00 |
| 5 | 1400 | 0 | 0,00 | 70 000,00 | −70 000,00 |
| 6 | 1400 | 0 | 0,00 | 70 000,00 | −70 000,00 |
| 7 | 600 | 0 | 0,00 | 30 000,00 | −30 000,00 |
| 8 | 600 | 0 | 0,00 | 30 000,00 | −30 000,00 |
| 9 | 600 | 0 | 0,00 | 30 000,00 | −30 000,00 |
| 10 | 600 | 0 | 0,00 | 30 000,00 | −30 000,00 |
| 11 | 600 | 0 | 0,00 | 30 000,00 | −30 000,00 |
| 12 | 0 | 0 | 0,00 | 0,00 | 0,00 |
| Summe: | | | | | −580 000,00 |

Der Vorschlag ist grundsätzlich abzulehnen, da er zu einem negativen Stückdeckungsbeitrag führt. Zudem könnten die Fixkosten ab dem 7. Monat nicht im zweiten fixkostenreduzierenden Schritt abgebaut werden, da die dann vorhandene Kapazität nicht ausreichen würde. Hierdurch würde die Verlustphase noch über ein Jahr hinaus andauern.

b) Der Vorschlag beinhaltet einen positiven Stückdeckungsbeitrag von 50,00 EUR. Mit dem Vorschlag geht ein Verlust in Höhe von 280 000,00 EUR einher:

| Monat | Kapazität (Stück) | Auslastung | DB/Stück (EUR) | Fixkosten (EUR) | Nettogewinn / Monat (EUR) |
|---|---|---|---|---|---|
| Aktuell | 2000 | 1000 | 100,00 | 80 000,00 | 20 000,00 |
| 1 | 2000 | 1000 | 50,00 | 80 000,00 | −30 000,00 |
| 2 | 1400 | 1000 | 50,00 | 70 000,00 | −20 000,00 |
| 3 | 1400 | 1000 | 50,00 | 70 000,00 | −20 000,00 |
| 4 | 1400 | 1000 | 50,00 | 70 000,00 | −20 000,00 |
| 5 | 1400 | 1000 | 50,00 | 70 000,00 | −20 000,00 |
| 6 | 1400 | 1000 | 50,00 | 70 000,00 | −20 000,00 |
| 7 | 600 | 0 | 0,00 | 30 000,00 | −30 000,00 |
| 8 | 600 | 0 | 0,00 | 30 000,00 | −30 000,00 |
| 9 | 600 | 0 | 0,00 | 30 000,00 | −30 000,00 |
| 10 | 600 | 0 | 0,00 | 30 000,00 | −30 000,00 |
| 11 | 600 | 0 | 0,00 | 30 000,00 | −30 000,00 |
| 12 | 0 | 0 | 0,00 | 0,00 | 0,00 |
| Summe: | | | | | −280 000,00 |

c) In diesem Falle würde der Deckungsbeitrag in Höhe von 100,00 EUR/Stück für drei Monate gehalten werden können. Auch dieser Vorschlag führt zu einem Verlust von 280 000,00 EUR:

| Monat | Kapazität (Stück) | Auslastung | DB/Stück (EUR) | Fixkosten (EUR) | Nettogewinn / Monat (EUR) |
|---|---|---|---|---|---|
| Aktuell | 2000 | 1000 | 100,00 | 80 000 | 20 000,00 |
| 1 | 2000 | 1000 | 100,00 | 80 000 | 20 000,00 |
| 2 | 1400 | 1000 | 100,00 | 70 000 | 30 000,00 |
| 3 | 1400 | 1000 | 100,00 | 70 000 | 30 000,00 |
| 4 | 1400 | 0 | 0,00 | 70 000 | −70 000,00 |
| 5 | 1400 | 0 | 0,00 | 70 000 | −70 000,00 |
| 6 | 1400 | 0 | 0,00 | 70 000 | −70 000,00 |
| 7 | 600 | 0 | 0,00 | 30 000 | −30 000,00 |
| 8 | 600 | 0 | 0,00 | 30 000 | −30 000,00 |
| 9 | 600 | 0 | 0,00 | 30 000 | −30 000,00 |
| 10 | 600 | 0 | 0,00 | 30 000 | −30 000,00 |
| 11 | 600 | 0 | 0,00 | 30 000 | −30 000,00 |
| 12 | 0 | 0 | 0,00 | 0,00 | 0,00 |
| Summe: | | | | | −280 000,00 |

Die sofortige Beendigung der Geschäftsbeziehung erbringt, aufgrund der nicht sofort abbaubaren Fixkosten, einen Verlust in Höhe von 580 000,00 EUR. Der Verlust wäre noch höher, würde die Geschäftsbeziehung unter Akzeptanz eines negativen Stückdeckungsbeitrags aufrechterhalten werden. Indifferent wäre die OHG bei den Vorschlägen b) und c) – in beiden Fällen ist der gleiche Verlust zu erwarten.

## Lösung zu Aufgabe 94

Zunächst sind die Allowable Costs je Pfeife zu ermitteln, diese betragen (10,00 EUR × 0,7 =) 7,00 EUR. Anschließend erfolgt die Ermittlung der Nutzenanteile der Komponenten:

| Eigenschaften | Lautstärke (50 %) | Stabilität (30 %) | Design (20 %) | Nutzenanteile |
|---|---|---|---|---|
| Komponenten: | | | | |
| Gehäuse | 70 % (0,35) | 80 % (0,24) | 50 % (0,1) | 69 % |
| Kugel | 30 % (0,15) | 0 % (0) | 0 % (0) | 15 % |
| Band | 0 % (0) | 20 % (0,06) | 50 % (0,1) | 16 % |
| Summe: | 100 % | 100 % | 100 % | 100 % |

Die Drifting Costs sind insgesamt (10,00 EUR) und je Komponente (Gehäuse: 50 %, Kugel: 30 %, Band: 20 %) zu ermitteln. Die Zielkostenindizes ergeben sich durch Division der Allowable Costs durch die Drifting Costs je Komponente.

| Komponenten | Allowable Costs | Drifting Costs | Indizes |
|---|---|---|---|
| Gehäuse | 69 % | 50 % | 1,38 |
| Kugel | 15 % | 30 % | 0,5 |
| Band | 16 % | 20 % | 0,8 |
| Summe: | 100 % | 100 % | |

Der Zielkostenindex des Gehäuses liegt über dem Wert 1, hier ist zunächst selbstkritisch zu überprüfen, ob das Gehäuse qualitativ den Markterwartungen entspricht, sollte dem so sein, wird die Situation zur Kompensation anderweitiger Kostenüberschreitungen genutzt. Sollte dem nicht so sein, ist ein höherwertiges Gehäuse zu wählen. Die Indizes bei der Kugel und dem Band sind geringer als 1. In beiden Fällen sind günstigere Komponenten zu bestimmen - im Falle einer Eigenproduktion etwa durch Verwendung günstigerer Materialien, im Falle des Fremdbezugs z.B. durch Verhandlungen mit dem Wechsel des Lieferanten.

Insgesamt liegen die Drifting Costs je Pfeife erkennbar über den vom Markt erlaubten Kosten, zudem liegen die Indizes vom Wert 1 deutlich entfernt. Will das Unternehmen mit dem Produkt am Markt nicht scheitern, so müssen die Gesamtkosten reduziert und, um den Markterwartungen Rechnung zu tragen, die Indizes deutlich näher an den Wert 1 heranrücken. Gelingt beides nicht, so sollte man sich gegen die Markteinführung der WM-Trillerpfeife entscheiden.

### Lösung zu Aufgabe 95

Die Zielkostenindizes betragen:

| Komponenten | Allowable Costs | Drifting Costs | Indizes |
|---|---|---|---|
| K1 | 32,00% | 30,43% | 1,05 |
| K2 | 45,75% | 47,83% | 0,96 |
| K3 | 14,50% | 13,04% | 1,11 |
| K4 | 7,75% | 8,70% | 0,89 |

a) Kostenreduktion bei K2 und K4, kritische Hinterfragung der Komponentenqualität bei K1 und K3.

b) Dies ist ein unsinniger Vorschlag von Naseweis, denn Indianer sammeln keine Didgeridoos, sie sammeln Skalps (Kopfschwarten)!

### Lösung zu Aufgabe 96

a) Zunächst sind die Bedeutungen der Eigenschaften durch Mittelwertbildung zu bestimmen. In der aufgeführten Reihenfolge betragen sie: 40%, 15%, 15%, 10%, 15%, 5%. Dann folgt die übliche Verrechnung in der Komponenten-Funktionsmatrix. Diese führt zu den Nutzenanteilen der Komponenten (zugleich Anteil an den vom Markt erlaubten Kosten). Werden diese den relativen Drifting Costs gegenübergestellt, ergeben sich die in der Tabelle aufgeführten Indizes:

| Komponente | relative Allowable Costs | relative Drifting Costs | Zielkostenindex |
|---|---|---|---|
| Federkern | 39,75 % | 45,00 % | 0,88 |
| Gestell | 21,50 % | 20,00 % | 1,08 |
| Kasten | 10,75 % | 10,00 % | 1,08 |
| Überzug | 28,00 % | 25,00 % | 1,12 |

Kostenreduktionsbedarf besteht bei dem Federkern.

b) Eine zentrale Annahme des Target Costings besteht darin, dass die Bedeutung einer Komponente gleichgesetzt werden kann mit den auf die Komponente entfallenden Kosten, so als sage der Kunde „verwende x für die Komponente y". Dies gilt auch für die relativen Drifting Costs. Ist das Unternehmen zur besonders günstigen Beschaffung oder Produktion einer Komponente imstande, so bedeutet dies eben nicht, dass man der Komponente nicht die vom Kunden gewünschte Bedeutung beimisst.

c) Allowable Costs sind die vom Markt erlaubten Kosten je Produkt oder je Komponente. Nach dem Abgleich mit den Drifting Costs und im Anschluss an die Anpassungsmaßnahmen entschiedet sich das Unternehmen zur Produktentwicklung und Markteinführung oder aber es gibt dieses Vorhaben auf. Im ersten Fall werden die je Komponente und insgesamt geplanten Kosten als verbindliche Zielvorgaben an den Einkauf und die Produktion gegeben, dann stellen sie Target Costs dar.

d) Das Target Costing wird in der betrieblichen Realität (beispielsweise in der Kfz- und der Kfz-Zulieferindustrie) in der geschilderten Form eingesetzt. Wichtiger aber ist der Kerngedanke „nicht so gut wie möglich, sondern so gut wie nötig" oder „liefere an den Kunden, was er braucht – Funktionalitäten, die er nicht benötigt, ist er auch nicht bereit zu zahlen. Würde man es z. B. der Entwicklungsabteilung eines Handy-Herstellers überlassen, ein neues Handy zu entwickeln, so wäre das Resultat u. U. ein Handy in Erdnussgröße, stellt dieses doch eine technologische Herausforderung dar. Ein solches Handy wäre jedoch weder praktikabel noch könnte dafür ein üblicher Handy-Preis verlangt werden – mit großer Wahrscheinlichkeit würde das Produkt am Markt scheitern. Ein anderes Beispiel (aus der Beratungspraxis) zu einem Hersteller von Ergospirometrie-Geräten. Mittels Ergospirometrie wird beispielsweise die Leistungsfähigkeit eines Sportlers über eine Atemgasanalyse bestimmt. Während eines gemütlichen Abendessens vor einigen Jahren berichtet einer der Geschäftsführer darüber, dass er eine Mail einer amerikanischen Fitnesskette erhalten habe. Sie seien an entsprechenden Geräten interessiert, da sie die von allen Fitnessstudios erhobene Werbeaussage „wir gestalten Ihren individuellen Trainingsplan", mit Inhalt füllen wollten, sie seien allerdings maximal dazu bereit, 1800,00 USD je Gerät zu zahlen. Es folgte ein lautes Gelächter am Tisch, bot doch das Unternehmen Ergospirometriegeräte erst ab rund 12 000,00 EUR an. Auf die Nachfrage, wie er denn auf die Mail reagiert hätte, antwortete der Geschäftsführer, er habe sie gelöscht. Wie sich später herausstellte, benötigte die Fitnesskette tatsächlich keine hochwertige Medizintechnik, sie benötigte lediglich ein medizinisches Gerät zum „Hineinpusten" mit dem Logo des weltweit bekannten Herstellers von Ergospirometriegeräten, und einfache Geräte zum Lungenfunktionstest gab und gibt es bereits für wenige Euro. Die Frage, was der Kunde den eigentlich wolle, wurde zunächst nicht gestellt, und sie gelangte auch nicht in den Kopf der drei lachenden Geschäftsführer.

## Lösung zu Aufgabe 97

| | Amalfi q.s. Sport | BWM 311e |
|---|---|---|
| Abschreibung / Jahr | (49 815,22 EUR × 0,92 - 7500,00 EUR) / 7 = 5475,71 EUR | 5790,00 EUR |
| Kalk. Zinsen / Jahr | ((49 815,22 EUR × 0,92 + 7500,00 EUR) / 2) × 0,05 = 1333,25 EUR | 1413,25 EUR |
| Treibstoffverbrauch / Jahr | (25 000 km / 100) × 9,5 × 1,30 EUR = 3087,50 EUR | 2164,50 EUR |
| Kfz-Steuer / Jahr | 180,00 EUR | 408,71 EUR |
| Versicherung / Jahr | 1320,00 EUR | 1520,00 EUR |
| Wartung, Reparaturen / Jahr | 1300,00 EUR | 1400,00 EUR |
| **Gesamtkosten / Jahr** | **12 696,46 EUR** | **12 696,46 EUR** |

Cleverle ist sprachlos, die jährlichen Kosten für die beiden Fahrzeuge sind bis auf die Nachkommastellen identisch. In Gedenken an seine Knie- und Fingerschmerzen entscheidet er sich daher für den Amalfi.

**Lösung zu Aufgabe 98**

a) Die Deckungslast resultiert aus der Addition der negativen Deckungsbeiträge der Entstehungs- und Nachsorgephase, sie beträgt 300 000,00 EUR. Die Amortisationsdauer ergibt sich durch die Division der Deckungslast durch die positiven Deckungsbeiträge der Marktphase und beträgt (300 000,00 EUR/90 000,00 EUR =) 3,33 Jahre. Es ist also möglich die Deckungslast in den Jahren der Marktphase nach 3,33 Jahren zu kompensieren. Wie diese Dauer zu beurteilen ist, ist abhängig vom Anspruchsniveau des Unternehmers.

b) Die Deckungslast würde sich um 50 000,00 EUR reduzieren (je 10 000,00 EUR an Mehrkosten in den beiden Jahren der Entstehungsphase, aber 70 000,00 EUR an Kosteneinsparung in der Nachsorgephase). Die Deckungsbeiträge in den Jahren der Marktphase verringern sich um 10 000,00 EUR/Jahr. Die Amortisationsdauer würde nun auf (250 000,00 EUR/80 000,00 EUR =) 3,13 Jahre sinken, daher ist die Maßnahme grundsätzlich zu empfehlen.

c) Es sind zwei zentrale Kritikpunkte des Ansatzes zu erwähnen. Erstens eignen sich kostenorientierte Ansätze nicht zur Beurteilung mehrjähriger Vorhaben und zweitens ist die Terminologie zumindest als merkwürdig zu bezeichnen. So berücksichtigen die Deckungsbeiträge der Marktphase fixe Kosten der jeweiligen Jahre und eine Amortisationsdauer sollte im Sinne einer Rückflussdauer stets unter Verwendung liquiditäts- und nicht erfolgsorientierter Größen errechnet werden.

## Lösung zu Aufgabe 99

Zunächst sind die Einzahlungsüberschüsse der 10 Betrachtungsjahre je Jahr zu ermitteln, sie betragen in Mio. EUR: -26, -41, -51, 11, 7, 16, 54, 87, 23,8. Für diese Zahlungsreihe ist anschließend der interne Zins zu ermitteln. Dies kann entweder näherungsweise durch Schätzung zweier Zinssätze erfolgen, wobei ein Zinssatz zu einem positiven und ein Zinssatz zu einem negativen Kapitalwert führen sollte, bei anschließender linearer Interpolation. Oder die Lösung wird unter Verwendung von MS-Excel ermittelt:

| | A | B |
|---|---|---|
| 1 | Jahr 1 | -26 |
| 2 | Jahr 2 | -41 |
| 3 | Jahr 3 | -51 |
| 4 | Jahr 4 | 11 |
| 5 | Jahr 5 | 7 |
| 6 | Jahr 6 | 16 |
| 7 | Jahr 7 | 54 |
| 8 | Jahr 8 | 87 |
| 9 | Jahr 9 | 23 |
| 10 | Jahr 10 | 8 |
| 11 | Interner Zins: | 11,35% |

Zu achten ist u. a. darauf, dass die Zahlungsreihe nicht mehr als einen Vorzeichenwechsel beinhaltet, da die Methode dann i. d. R. unsinnige Resultate erbringt.

Da das Vorhaben nicht die erforderliche Mindestverzinsung von 12 % erbringt, sollte es abgelehnt werden. Um lediglich zu diesem Resultat zu gelangen, hätte auch der Kapitalwert unter Verwendung eines Kalkulationszinssatzes von 12 % ermittelt werden können, er ist negativ.

**Lösung zu Aufgabe 100**

| Kostenposition | Angebot A (in EUR) | Angebot B (in EUR) |
|---|---|---|
| Kalkulatorische Abschreibung | (600 000,00 + 120 000,00 + 80 000,00)/6 = 133 333,33 | 200 000,00 |
| Personalkosten / Jahr | 120 000,00 | 60 000,00 |
| Kosten für die externe Wartung / Jahr | 100 000,00 | 40 000,00 |
| Kalkulatorische Abschreibung der notwendigen Organisationsanpassung | (300 x 80)/6 = 4000,00 | 666,67 |
| **Jährliche Kosten** | **357 333,33** | **300 666,67** |

Das Angebot B ist das kostengünstigere und sollte angenommen werden.